ちゃのほん

茶之书

[日] 冈仓天心 著

胡越 译

中国出版集团 现代出版社

图书在版编目（CIP）数据

茶之书 / (日) 冈仓天心著；胡越译. 一北京：现代出版社，2018.3
ISBN 978-7-5143-6335-7
Ⅰ. ①茶… Ⅱ. ①冈… ②胡… Ⅲ. ①茶文化－日本 Ⅳ. ①TS971.21
中国版本图书馆CIP数据核字(2017)第258982号

茶之书

作　　者：[日]冈仓天心
译　　者：胡　越
责任编辑：姚冬霞　曾雪梅
出版发行：现代出版社
地　　址：北京市安定门外安华里504号
邮政编码：100011
电　　话：010—64262325　010—64245264（兼传真）
网　　址：www.1980xd.com
电子邮箱：xiandai@cnpitc.com.cn
印　　刷：北京美图印务有限公司
开　　本：787 × 1092mm　1/32
印　　张：5.5
版　　次：2018年3月第1版　2018年3月第1次印刷
书　　号：ISBN 978-7-5143-6335-7
字　　数：80千
定　　价：49. 80元

目录

第一章

仁爱之饮

茶道，是在卑微肮脏的日常中，因对美的崇拜而建立起来的仪式。茶道主张纯净和谐、仁慈互爱，兼具秩序与浪漫。它以一种温柔的姿态，试图在这充满不可能的生活中完成某些可能之事，因此本质上，茶道是对不完美的崇拜。

茶最初被用作药物，之后则慢慢成了饮品。在中国，8 世纪时，茶作为雅兴之一进入诗歌的世界。15 世纪时，日本则将其升华为一种艺道——茶道。茶道，是在卑微肮脏的日常中，因对美的崇拜而建立起来的仪式。茶道主张纯净和谐、仁慈互爱，兼具秩序与浪漫。它以一种温柔的姿态，试图在这充满不可能的生活中完成某些可能之事，因此本质上，茶道是对不完美的崇拜。

茶的哲学不仅仅是我们通常理解的那样，只是单纯的审美趣味。它融合了伦理与宗教，表达的是我们对于人与自然的全部见解。它是卫生学，因为它强调洁净；它是经济学，因为它化繁为简，绝不奢靡；它还是道德

龕背面

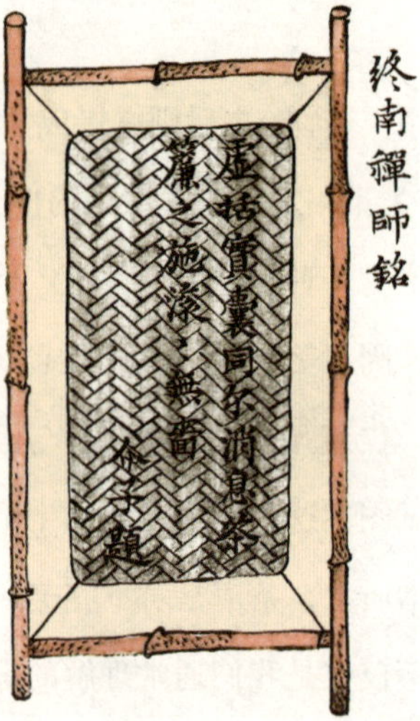

龕扉裏

大潮禪師銘

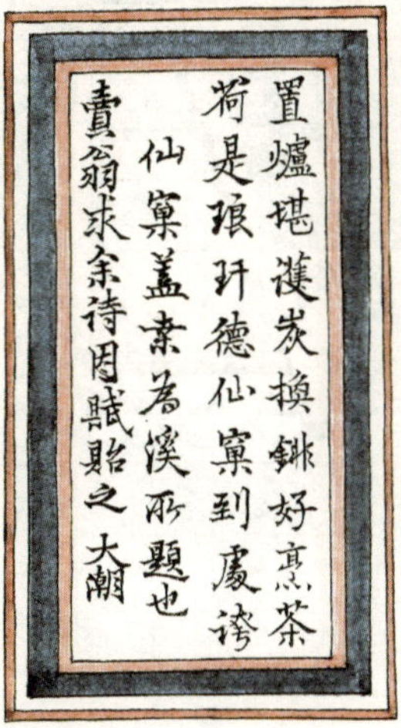

爐龕

北川省伯作
號淡泊斎

梁爲溪先生隸字

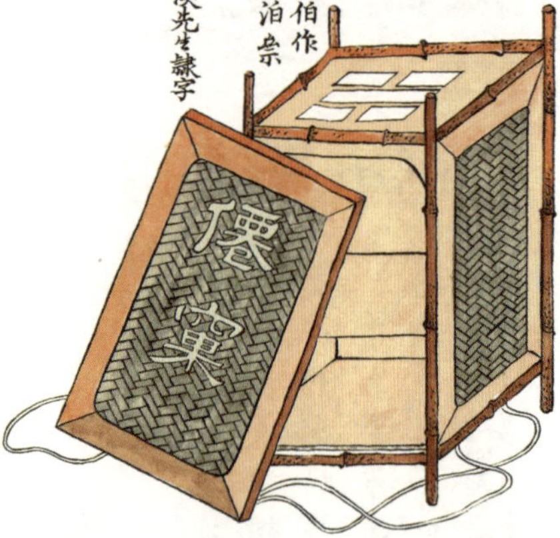

高一尺七寸方八寸五分
格上間一尺餘格下五寸

都籃

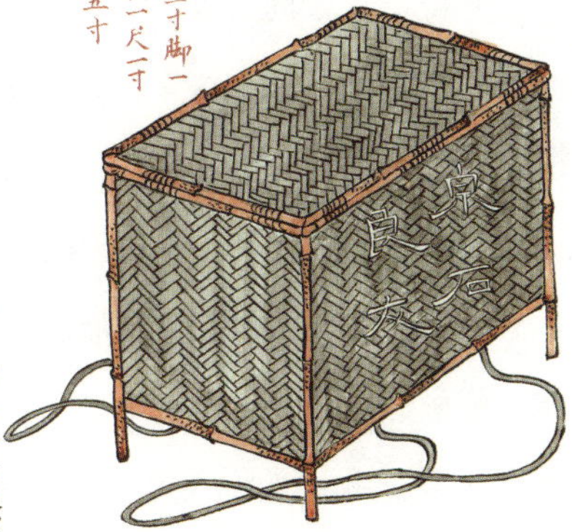
泉石良友
百拙禪師書
淡泊齋作
高凡一尺一寸脚一
寸許袤一尺一寸
延一尺五寸
泉石良友
高翁贈浪花蒹葭堂
于今藏之

几何学，因为它定义了我们相对于宇宙的尺度。茶代表了东方式民主的真正精髓，因为它让所有的信仰者成了品味上的贵族。

日本长期与世隔离，崇尚自省，这对于茶道的发展非常有利。无论起居习俗、服饰饮食、瓷器漆具，美术乃至文学，都受到茶道的影响。任何修习日本文化的人，都不能忽略茶道的存在。它既见于雅致闺阁中，也能入寻常市井。农夫学会了如何摆设花艺，最粗鄙的工匠也能对山岩流水一表敬仰。若是某人对于这既严肃又诙谐的人生戏剧不为所动，我们就说他是“心中无茶”。同样地，若是某些唯美主义者过于信马由缰，对世间疾苦熟视无睹，只管恣意喷薄自己的情绪，我们便称他“茶气过重”。

外人可能无法真正理解这看似故弄玄虚的把戏。他大概会问：小茶杯中难道还能掀起大风浪？但我们认真思索便知，人生之欢愉正在这杯盏之间，眨眼间泪水充溢，又迅速被我们对无尽的渴望榨干，如若沉湎其中，也实在无须责备自己什么。人类不是做过更糟的事情吗？我们崇拜酒神巴克斯，因而献祭无度；我们崇拜战神玛尔斯，因而无视血腥。我们为什么不能供奉茶之女神，陶醉于她祭坛上的仁爱之水呢？在象牙瓷白杯所盛的琥珀色琼浆中，茶道的信徒或许可以一品儒之含蓄敦厚，道之辛辣机锋，释之缥缈芳香。

那些无法在自身伟大中感知渺小的人，也容易忽略他人渺小中蕴含的伟大。一般来说，骄傲自满的西方人，不过把茶道仪式当作东方人一千零一种奇怪习俗的其中之一，再次向他表明了东方的古怪与幼稚。当日本沉静于和平的艺术中，西方人将日本视为教化未开；当日本开始在满洲战场大行杀戮之事时，西方人反倒觉得日本是个文明国家了。近来关于武士道这一鼓励杀身成仁的“死的艺术”有不少评论，但是对于茶道这一“生的艺术”，却鲜有关注。如果我们的文明标志建立在可憎的战争荣耀上，那我们欣然接受继续做野蛮人；我们愿意等待，等到真正属于我们艺术和理念的尊重来临。

西方什么时候才能理解，或者试图理解东方呢？我们亚洲人常常惊诧于那张围绕着我们的由事实与幻想织成的好奇之网：我们要么被描绘成以老鼠蟑螂为食，要么就是靠莲花香气为生；要么无能狂热，要么卑劣淫逸。印度式的灵性被嘲笑为无知，中国式的节制被当作愚蠢，日本式的爱国则是宿命论的结果。还有人说，因为我们的神经系统麻木不堪，我们对疼痛和伤害的感觉也更加迟钝！

对呀，为什么不拿我们来取乐呢？我们也会回礼呀。要是你们知道，我们是怎么想象和描述你们的，能拿来调笑的素材就更多了，所有因不同视角产生的光华都在那儿了：对奇迹不经意流露出的所有敬意，对未来未知事物的所有沉默愤恨。

你们的美德高尚到我们羡慕不来，你们的罪行优美到无可指摘。我们所知的智者——我们古代的作家曾写道，你们的衣冠之下藏着毛茸茸的尾巴，还经常将新生婴孩炖汤煮食。还有更糟糕的呢，我们一直觉得你们是世界上最言行不一的人，因为你们虽然传教，教义里说的东西自己却从不施行。

我们当中的这类误解很快就消散了。往来通商使得欧洲语言在很多东方港口流传通用，亚洲的年轻人为了接受现代教育涌向西方的大学。我们虽未彻悟你们的文化，但至少我们愿意学习。我的某些同胞接受了太多你们的习俗和礼仪，幻想只要穿上硬领衫、戴上高礼帽，就拥有了你们的文明，这样的情感真是可怜又可悲，他们跪在那里表达了我们想要接近西方的愿望。不幸的是，西方仍然没打算理解东方。传教士来传教而非吸收东方文化，你们对我们的了解要么是旅行者奇闻逸事的道听途说，要么基于对我们浩如烟海典籍极其拙劣的翻译。像拉夫卡迪奥·赫恩[1]或者《印度生活之网》[2]的作者那样，用正义的笔触点燃我们情感的火炬，照亮东方黑夜的，实在是凤毛麟角。

我说了这么多，也许已经背叛了茶道，体现我的无知了，毕竟，礼的精髓是说该说的话。但我不打算做一个知礼的茶者。新旧世界的相互误解已经造成了太多伤害，有人愿意为促进理解略尽绵薄之力，难道还需要道歉吗？如果20世纪初俄国愿意屈尊俯就去更好理解日本的话，血腥的战事就可以避免。对东方问题的蔑视，给人类带来惨重的后果啊！欧洲帝国主义，从不耻于大

---

① 拉夫卡迪奥·赫恩（Lafcadio Hearn，1850—1904），爱尔兰裔日本作家，日本名小泉八云。近代史上有名的日本通，现代怪谈文学的鼻祖。创作有《怪谈》《来自东方》等向西方介绍日本和日本文化的作品。

② 《印度生活之网》（*The Web of Indian Life*），成书于1904年。作者为爱尔兰人玛格丽特·伊丽莎白·诺贝尔（Margaret Elizabeth Noble，1867—1911），是一位社会活动家、教育家。她皈依印度教时获赐教名Nivedita。生前致力改善当地人生活，支持印度独立运动。

肆宣扬“黄祸”之谓，却没有意识到亚洲某天也会从“白灾”的残酷中醒来。你们也许会嘲笑我们“茶气过重”，我们就不能怀疑你们“心中无茶”？

还是让我们停止大陆之间的相互讽刺吧，为了同一个半球的共同利益，即使我们不能变得更明智，也至少要更宽容。没错，我们的发展道路不同，但我们有什么理由不能互相增益呢？你们放弃内心的安宁，获得地盘的扩张；我们面对软弱可欺，却一派祥和。相信吗？东方在某些方面其实胜过西方！

奇妙的是，人性在茶盏中交融了。茶道成了唯一获得普遍尊重的亚洲仪式。白人嘲笑我们的宗教和道德，但是却毫不迟疑地接受了这琥珀色的琼浆。下午茶如今是西方社会的一项重要活动。深盘浅碟堆叠得错落有致，好客的女主人衣裙窸窣作响，放多少糖多少奶的寻常问答此起彼伏，我们知道，对茶的崇拜已经毫无疑问地树立起来了。神秘的煎煮过后，宾客在哲学意义上对

高四寸許

兩品共

浪花 蒹葭堂藏

急焼

唐山製

二枚

高三寸許

兩品共

浪花

蒹葭堂藏

銅爐

可長製

徑五寸五分高四寸二分

子母鍾

士新所贈

茶碗一品今
浪花花月庵蔵

等待他命运的顺从，仅这一个实例，东方精神已经至高无上。

欧洲文献中关于茶的最早记载，据说出现在一位阿拉伯旅行者的陈述中：879年以后，广东的主要收入来源就是盐和茶的税收。马可·波罗也有写过，1285年一位中国财政官员因为擅自增加茶叶赋税而被免职。正是在地理大发现的时代，欧洲人开始更加了解远东。16世纪末期，荷兰人带回一条新闻，说东方的灌木叶子制出一种可口的饮料。乔凡尼·巴蒂斯塔·赖麦锡[①]（1559）、阿尔梅达（1576）[②]、马斐诺（1588）、塔雷

---

① 乔凡尼·巴蒂斯塔·赖麦锡（Giovanni Battista Ramusio，1485—1557），意大利地理学家和旅行作家。著有著名地理日志《航海旅行》，第二卷在他死后两年即1559年出版，首次提到茶叶。

② 阿尔梅达（Luis de Almeida，1525—1583），葡萄牙医生、传教士，曾在中国与日本传教。

拉（1610）等旅行家也在游记中提到了茶。[1]1610年，荷兰东印度公司的船队第一次将茶带到了欧洲。1636年，法国人首度闻到了茶香，1638年，茶叶抵达俄国。1650年，英格兰人张开怀抱欢迎茶叶，并称它是“美妙绝伦的中国饮料，医生也予以认可，中国人称其为茶，其他国家称为Tay，或者Tee”。

就像世界上所有美好事物一样，茶的传播也受到了阻碍。反对者如亨利·萨威尔（1678）把饮茶贬低为一种肮脏的习俗，乔纳斯·汉威[2]（茶论，1756）说饮茶让男人失去了清秀身形，女人没有了美丽容颜。一开始，它的高价（每磅十五六先令）让大众无福消受，茶是“高规格招待和消遣的贵族标志，因此成为赠予王公贵族的

---

① 以上关于茶的史料，出自保罗·克兰赛尔（Paul Kransel）1902年在柏林发表的学位论文。——作者原注

② 乔纳斯·汉威（Jonas Hanway，1712—1786），英国旅行家、慈善家和作家，他是将雨伞引入英国之人。

礼物”。尽管如此，饮茶风俗还是奇迹般快速传播开来。18 世纪上半期，伦敦的咖啡屋事实上成了茶馆，成了艾迪生和斯蒂尔[①] 这样的智者陶醉于盏碟之间的所在。这饮品很快变成了生活必需品——成了被征税的商品。通过这一联系，我们认识到了茶在近代历史中扮演的角色。美洲殖民地的人们直到英国人对茶叶征收赋税，才忍无可忍奋起抗争，美国独立战争正起始于波士顿倾茶事件。

茶味中有一种不可言说的魔力，无可抵挡，充满遐想。西方的幽默作家很快就把他们思想的芬芳同茶香结合了。它既没有酒的傲慢、咖啡的自负，也没有可可傻呵呵的无知。1711 年，《观察者》就有言：“我向所有井井有条的家庭郑重推荐，每天早上为茶、面包和黄油留出一个小时；我还郑重建议你们订阅这份报纸，每日准

---

① 艾迪生（Joseph Addison，1672—1719），英国散文家、诗人、剧作家和政治家。斯蒂尔（Richard Steele，1672—1729），爱尔兰人散文家、剧作家。两人为好友，共同创办了《观察者》（*The Spectator*），日后著名的《观察者》杂志就用的此名。

时送到，配茶阅读。”萨缪尔·约翰逊[①]把自己描述成“一个无耻茶客，饮茶的习惯已经深入骨髓，20 年来只靠这种奇妙植物冲泡的琼浆搭配餐食，他靠茶为傍晚增加乐趣，为午夜增添抚慰，对清晨致以欢迎”。

查尔斯·兰姆[②]，一个公开的茶道信徒写道：最大的喜悦，莫过于悄悄地行善，然后偶然地被发现。这道出了茶道的真谛，因为茶道就是隐藏尚待发现之美、暗示你未经揭示之美的艺术。茶是高贵的秘密，教你如何平静但彻底地自嘲，它正是幽默本身，是哲学的微笑。在这个意义上，所有真正的幽默作家都可以被称作茶中之

---

① 萨谬尔·约翰逊（Samuel Johnson，1709—1784，英国作家、评论家、辞书编纂家。他用 9 年时间独立编纂出版《约翰逊字典》，被授予柏林三一学院与牛津大学名誉博士学位。

② 查尔斯·兰姆（Charles Lamb，1775—1834），英国散文家，代表作有《伊利亚随笔》（*Essays of Elia*）以及为儿童编写的《莎士比亚故事集》（与妹妹玛丽合编）等。

哲——比如萨克雷[①]，当然还有莎士比亚。颓废时代[②]的诗人（哪个时代不颓废呢），在他们对抗物质主义的斗争中，某种程度上也打开了茶道的大门。有时候，可能正是我们今天对世间不完美的庄重沉思，才使东西方得以相互慰藉。

道家说，在无始之始，灵与物曾有殊死一搏。最终，天庭之日神黄帝战胜了黑暗与大地之魔祝融。祝融这个巨大的怪物在临死前的愤怒中一头撞向天穹，将碧蓝苍穹震成了碎片。群星失去位所，月亮在黑夜的荒凉间隙间漫无目的地游窜。无法可想之际，黄帝只好四处寻找补天之人。他的努力没有白费。东方之海上升起一

---

① 威廉·梅克皮斯·萨克雷（William Makepeace Thackeray，1811—1863），英国讽刺小说家，因代表作小说《名利场》与狄更斯齐名。

② 颓废时代，指欧洲 19 世纪下半叶流行的颓废主义文艺思潮。颓废主义是欧洲的资产阶级知识分子对社会表示不满，而又无力反抗所产生的苦闷彷徨情绪在文艺领域中的反映。最早表现在法国诗人波德莱尔和马拉梅的创作中，后人往往视象征主义与颓废主义为一体。

位女神，角冠龙尾，身披火焰盔甲，她就是女娲。她从神炉中炼出五色彩虹，修补了中国的天空。但是据说女娲忘记修补蓝色苍穹的两个小缝隙，由此产生了爱的阴阳——两个灵魂在空际游走，永不停歇，直至交合，构建宇宙。每个人都应该重建他的天宇，寻找希望与和平。

在希腊独眼巨人般残酷的对财富和权力的争夺中，现代人的天空早已经破碎散落了。世界在自大和虚荣的阴影下蹒跚前行。无良偏用学识遮掩，功利假借慈善之名，东方和西方就像两条在汹涌海上翻腾的巨龙，徒劳地想要重获生命的至宝。我们需要再来一位女娲，修补这巨大的荒芜破败；我们在等待伟大的天神。在这等待的途中，让我们小嘬一口茶。午后的阳光正照射在竹叶上，泉水汩汩，茶炉中也松涛阵阵。让我们再遐想一会儿这转瞬即逝的风景，在世间美妙的愚行中再多停留一会儿吧。

第二章

茶的流派

煮/煎时所食茶饼，点茶时所用茶粉，泡茶时所泡茶叶，代表着中国唐、宋、明三朝不同的情感悸动。如果一定要借用早已被滥用的艺术分类术语，我们可以把它们分别划归在古典派、浪漫派和自然派。

茶是一件艺术作品，只有大师之手才能调教出它最高贵的品质。我们有好茶坏茶，就如同我们的美术作品也良莠不齐一样——而且通常是坏作品居多。想要制成完美的茶，是没有一道简单的食谱的，就像我们没有定则再造一幅提香[①]或雪村[②]的作品。每一种茶的准备工序都有它的独特个性，对水和温度的亲和不同，讲述故事的方法也不同。真正的美必定蕴含在这种独特中。社

① 提香（Titian 或 Tiziano Vecellio，约 1488—1576），意大利文艺复兴后期威尼斯派代表画家，代表画作有《神圣与世俗之爱》《酒神节》《圣母升天》等。

② 雪村（Sesson，1504—1589），字周继，日本战国时期代表画家、僧人，代表作品有《竹林七贤图》《潇湘八景图》等。

瓢杓

悟心禪師銘

隸書

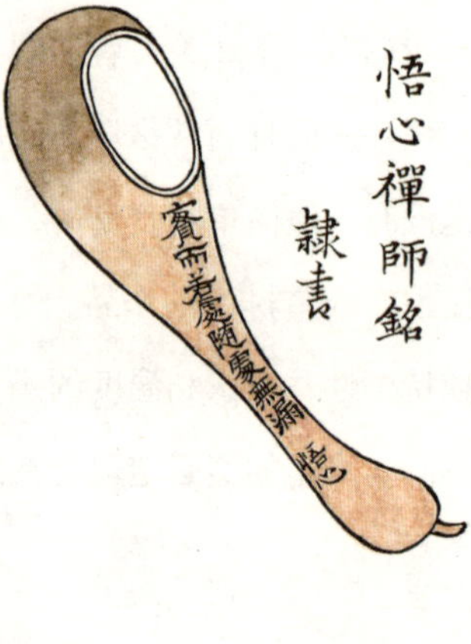

两品共

蒹葭堂藏

汪子

宇野明霞先生銘
藤提
櫻皮
本生於水及水之苞宣
伐其滿持而弗有從
罄匜恥汙我無受
捨舊取新清潔是守
洛下痴書生題
徑五寸二分強高六寸三分
三足高三分蓋紐紫竹
花月庵蔵

錢筒

自題

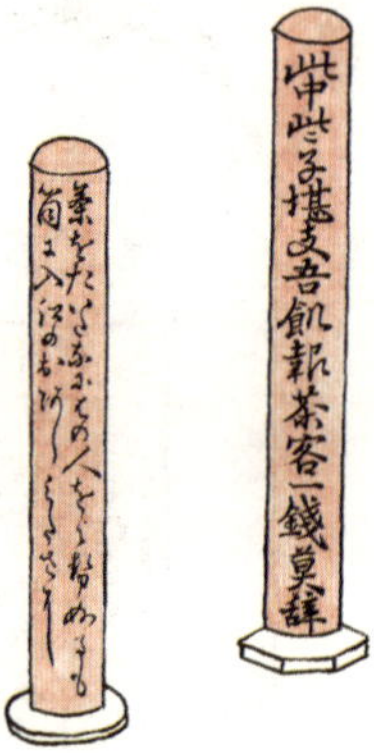

高翁在世自焼捨

烏楦

中村文輔銘

主ふ木八折

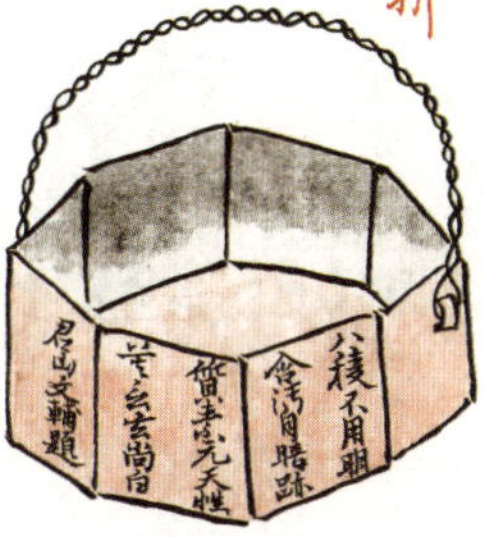

花月庵蔵

会常常不能认识这条关于艺术和生活最简单最基础的法则，这让我们付出了多少代价——中国宋代有一位诗人李竹懒[①]，曾哀叹世间有三件憾事："有好弟子为庸师教坏，有好山水为俗子妆点坏，有好茶为凡手焙坏。"

同艺术一样，茶也有不同的发展阶段与流派。它的演化可以大致分为三个主要阶段：煮/煎茶、点茶、泡茶。我们现代人所采用的，一般是泡茶。这几种赏茶的方法都体现了它们所盛行时代的精髓。因为生活本身就是一种表达，我们无意的行动无时无刻不在泄露我们内心所思。孔子说："人焉廋哉！"[②]也许因为我们没有伟大需要掩藏，反而在小事上暴露自己太多了。日常琐事

① 李竹懒（1565—1635），即李日华，明朝文学家，书中将他误记为宋人。字君实，号竹懒，浙江嘉兴人。文中引用出自《紫桃轩杂缀》卷二。

② 语出《论语·为政》："视其所以，观其所由，察其所安。人焉廋哉！人焉廋哉！"意为考查他的所作所为，查看他的过往经历，观察他的兴趣所安。这样，人怎么还可能隐瞒什么呢？

同哲学和诗歌的最高境界一样，成为民族理想的最佳注脚。就像对葡萄园的偏好象征着欧洲不同时期不同民族的特性一样，茶道理想也反映了东方文化的不同情调。煮 / 煎时所食茶饼，点茶时所用茶粉，泡茶时所泡茶叶，代表着中国唐、宋、明三朝不同的情感悸动。如果一定要借用早已被滥用的艺术分类术语，我们可以把它们分别划归在古典派、浪漫派和自然派。

茶树是中国南方土生土长的植物，很早就为中国植物学者和医者所知。在古典文献中，它被称为荼、荈、槚、茗，并因其解乏、悦心、强志、明目的特质受到高度赞扬。它不仅可以内服，还常常被制成膏药外敷，缓解风湿病痛。道家说茶是长生不老药的关键成分，佛教徒则大量饮茶以抵御他们长时间静坐中的昏昏欲睡。

4 至 5 世纪，茶成了长江流域居民当中最受欢迎的饮品。差不多这个时候，现代“茶”字的用法形成了，显然是对古代“荼”字的误用。南朝的诗人留下了他们对“流玉飞沫”狂热喜爱的断卷残篇，当时的帝王也会将一些稀有茶叶赏给高官以奖赏他们的功绩。不过此时，饮茶的方式还很原始。茶叶被蒸煮后用石臼捣碎，制成茶饼，然后同米、姜、盐、陈皮、香料、奶一起蒸煮，有时甚至会加入葱！这一习俗如今在西藏和很多蒙古部落还保留着，他们用这些原料制成神秘的茶浆。俄罗斯人如今会在饮茶时放入柠檬片，也是从中国商队那里学到的，这是古代饮茶法留存至今的又一证明。

要将茶从粗糙的状态中解放出来，并最终将其理想化，就得需要中国唐朝的一个天才人物登场了。随着8世纪中期陆羽的出现，我们有了最早的茶道传道者。他出生的时代，佛家、道家和儒家正在相互取经。当时的泛神象征主义要求人们要见微知著。诗人陆羽在茶艺中看到了与统御万物同理的和谐与秩序。在他的传世名作《茶经》中，他系统指定了茶的法则。从此陆羽便被尊为中国茶商的守护神。

《茶经》共三卷十章。第一章论述了茶树的自然特性，第二章讲采茶方法，第三章说如何选择茶叶。陆羽认为，最好的茶必须“如胡人靴者蹙缩然，犎牛臆者廉襜然，浮云出山者轮囷然，轻飙拂水者涵澹然”。

第四章主要列数了茶具二十四器，从三足的风炉开始，讲到收贮所有茶具的都篮，这里我们可以看到陆羽对道家符号象征主义的偏好。另一个与此有关的有趣观察是茶对中国瓷器的影响。众所周知，中国瓷器的诞生，是为了再造玉石之细腻光泽，结果到了唐朝，南方有了青瓷，而北方有了白瓷。陆羽认为青瓷是茶碗的理想颜色，因为它又给茶增添了绿意；而白瓷则让茶略带桃色，令人不快。不过这是因为陆羽当时用的还是茶饼。之后，宋朝的茶道大家开始使用茶粉，他们就更加偏爱青灰色和深棕色的厚重茶碗。明朝的茶师则更喜欢用白瓷薄碗来泡茶。

春茗雲中
碧寒泉
石上
青
借眠
山寺搨
跡兩著
茶經

長廣

第五章中，陆羽讲述了煮茶的方法。他舍弃了盐以外的所有配料，在被讨论最多的水质和水温的问题上，他也驻足良久。他认为山泉水最佳，江水次之，井水最次。煮茶有三个阶段：“为鱼目，微有声，为一沸；缘边如涌泉连珠，为二沸；腾波鼓浪，为三沸。”茶饼需用火烤，直到柔软如婴儿手臂，然后置于精纸之间碾碎成粉末。第一沸时要加盐，第二沸加茶，到第三沸时，要向壶中加一勺冷水让茶叶沉下去，“育其华也”。接着将茶水倒入碗中饮之。此物只应天上有！轻薄的叶片如同悬在晴朗天空中的鱼鳞云，又如漂浮在翠绿溪流上的睡莲。唐代诗人卢仝有诗云：

一碗喉吻润，二碗破孤闷。

三碗搜枯肠，惟有文字五千卷。

四碗发轻汗，平生不平事，尽向毛孔散。

五碗肌骨清，六碗通仙灵。

七碗吃不得也，唯觉两腋习习清风生。[①]

剩余篇章分别是：普通饮茶法的粗俗之处、历史上杰出茶者的综述、中国著名的茶园、制茶饮茶工序可能的变化，以及茶具的插图。可惜，最后一章已经遗失了。

《茶经》的诞生在当时一定造成了相当的轰动。陆羽成了当时代宗皇帝（763—779 年在位）的贵客，他的名气为他带来无数追随者。一些雅士据说能分辨陆羽和他弟子煮的茶，也有达官贵人因品味不出这位大师亲手烹煮的茶而被史册记上一笔[②]。

宋朝，点茶法逐渐流行，由此创造出茶道的第二个流派。茶叶被放进小的石臼捣成细粉末，备好的茶粉用

---

① 此为卢仝（约 795 — 835）的《走笔谢孟谏议寄新茶》一诗之节录，后世直接称此段为“七碗茶歌”。卢仝，唐代诗人，“初唐四杰”之一卢照邻的嫡系子孙。著有《茶谱》。

② 此事记载于《封氏闻见记》卷六“饮茶”条，该官员指李季卿。

摘鮮焙芳
旋封裹
以下東籬亭關山画
關山

不独文公住
曽経陸羽居

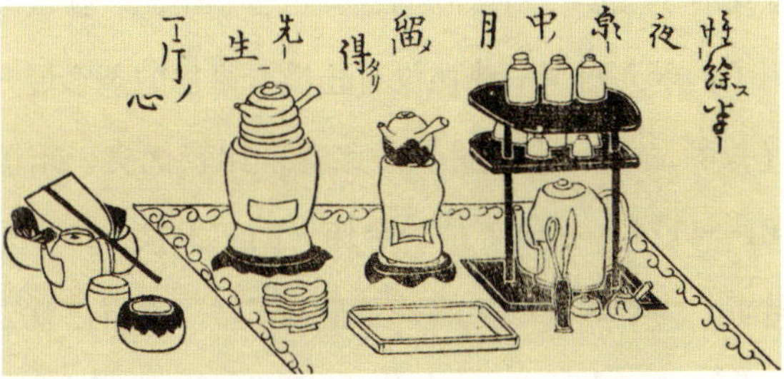
性餘峯
夜泉中月
留得先生
心

發
萬象中
焉知
無茶星

细竹制成的茶筅点入热水中。新的工序导致陆羽当时说的茶具有了变动，对茶叶的选择也有了不同。盐被彻底弃用了。宋人对茶的热忱没有止境，享乐的茶客展开竞争寻找新品种，还定期举办比赛来比较优劣。宋徽宗（1101—1124年在位）是一个伟大的艺术家，却不是个好君王，为了寻找珍稀的茶品豪掷千金。他自己就二十余种茶写了一本论著①，并将“白茶”奉为最稀有、最高质的茶叶。

宋人的茶道理念与唐人不同，是因为他们对生活的见解不同。他们努力将先人试图符号化的东西具体化。对宋代理学来说，宇宙法则不是反映在现象世界中，现象世界就是宇宙法则本身。刹那即永恒，涅槃存乎心。道家说永生存在于无穷变化中，这占据了他们所有的思

---

① 宋徽宗赵佶（1082—1135）所撰论著《大观茶论》成书于大观元年（1107年）。全书共二十篇，对北宋时期蒸青团茶的产地、采制、烹试、品质、斗茶风尚等均有详细记述。内容并非描写“二十种茶”，而是写“关于茶的二十个主题”。

维模式。有趣的是过程而非功绩，真正重要的是达成完满，而非完满本身。人因此得以直面自然。生命的艺术中生长出了新的意义。茶开始摆脱它诗兴消遣的形象，成了自我实现的方式之一。王禹偁颂扬茶是“沃心同直谏，苦口类嘉言”[①]，苏东坡写过茶完美无瑕的力量，如同真正的君子可以对抗腐败。佛教教众中，如南禅，因为吸收了很多道家教义，制定了一套精巧的茶道仪式。僧侣会在达摩祖师像前聚集，如同领圣餐那样从同一只碗中饮茶。正是这套禅宗仪式，于15世纪在日本发展成为茶道。

不幸的是，13世纪蒙古部落突然入侵，中原大地遭到毁灭和占领，被野蛮的元朝皇帝统治，宋代文化的所有成果毁于一旦。15世纪中期由汉人建立的明朝虽

① 语出王禹偁（954—1001）《茶园十二韵》一诗。王禹偁，宋朝文人。字元之，山东钜野人。晚年被贬知黄州，世称王黄州。他反对宋初浮靡文风，提倡朴素文风，诗文清丽可爱。

然企图重建，但是内乱不断，中国于17世纪又为满族统治。各种习惯习俗全无旧日痕迹。点茶法被完全遗忘。一位明代的训诂学家已经完全不知宋代文献中提到的茶筅是何形状。如今饮茶是直接将茶叶投入盛有热水的茶碗或茶杯中。西方世界对旧式饮茶法一无所知，也是因为欧洲人接触茶就已经是明末之事。

到了后期，中国茶仅成了一种妙饮，与理念再无关系。纷至沓来的灾难让这个国家再无热情追寻生命之义。中国开始走入现代化，也就是说，开始变得老气，不再抱有幻想。他丢掉了对幻想的崇高信仰，而这正是诗人和古人永恒青春与活力的来源。他成了折中主义者，礼节性地尊重宇宙的传统。他与自然狎昵，但不愿屈尊去征服或崇拜自然了。他的茶叶常常带有花的芬芳，但是唐宋仪式的浪漫在他们的茶盏中已荡然无存。

紧随中华文明脚步的日本，同样经历了茶的三个阶段：早在 729 年，史料记载圣武天皇[①]在奈良皇宫赐茶给百名僧侣。这些茶叶很有可能是我们的驻唐使节带回，并用当时流行的方式烹煮。801 年，最澄和尚[②]带回一些茶树种子，将它们种在比叡山。接下来的几个世纪，不少知名茶园出现，贵族和僧侣从茶中获得愉悦体验。1191 年，去学习南禅的荣西禅师[③]带回了宋茶。他带回来的新种子在三处播种成功，其中一处就是京都附近的宇治，如今是世界最佳茶品产地的代名词。南禅在日本迅速传播开来，茶道仪式和宋朝的茶道理念也随之流行。到了 15 世纪，在幕府将军足利义政[④]的扶持下，

---

① 圣武天皇（Shomu Tenno，701—756），724—749 年在位，名首，文武天皇的第一皇子，以推崇佛教、铸造卢舍那大佛像著称。

② 最澄和尚（Saicho，767—822），日本天台宗的开创者，曾率弟子到中国学佛。

③ 荣西禅师（Esai，1141—1215），日本临济宗的开创者。自小从父学佛，十四岁出家，初学天台密教，于 1168 年、1187 年两次来中国学习临济禅。著有《吃茶养生记》。

④ 足利义政（1436—1490），室町时代中期室町幕府第八代征夷大将军（日本武官最高职位）。爱好艺术，赞助形成所谓的“东山文化”。

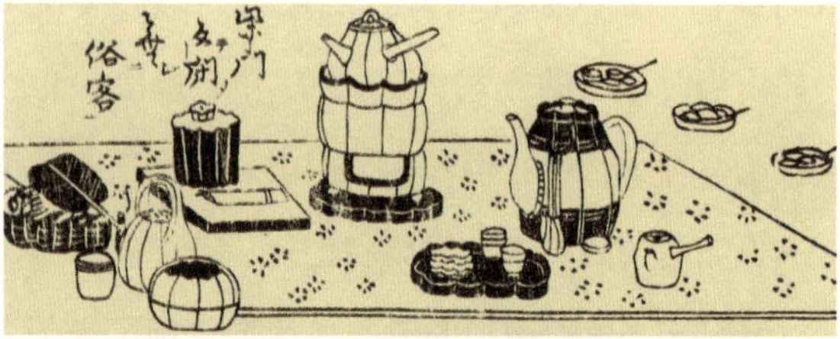
柴門
反閉
無
俗客

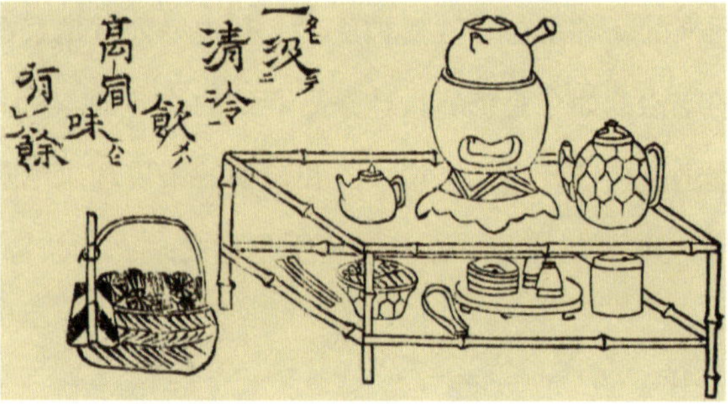
一汲
清泠
飲
高風
味
有
餘

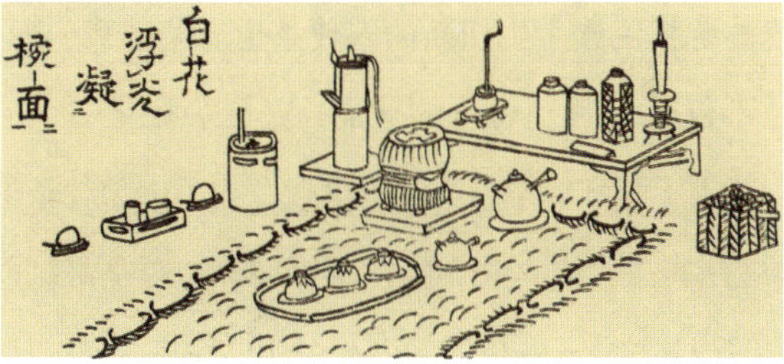
白花浮光凝椀面

茶道仪式完全成型，并成了一种独立神圣的表演形式。从那时起，茶道在日本完全生根。中国之后用的泡茶法，对我们来说也是晚近的事情了，直到 17 世纪中期才为世人知晓。在普通消费方面，它取代了点茶法，但是后者茶中之茶的地位仍无可撼动。

正是在日本的茶道中，我们看到了最极致的茶道理想。1281 年，我们成功抵御蒙古大军，这使我们可以延续被游牧民族生生切断的宋代茶道。茶于我们而言，已经不仅是一种理念化的饮品；它是宗教化的生活艺术。茶成了膜拜纯净与文雅的借代，成了一项神圣的社会功能：宾主合力，共创尘世至福境界。茶室是沉闷现世中的一片绿洲，疲倦的旅人相会于此，共饮艺术甘泉。茶道是一出即兴的戏剧，围绕着茶、花、画编织出一幕幕剧情。没有一抹色彩打破茶室的色调，没有一丝声响扰乱器物的韵律，没有一个手势干扰仪式的进程，没有一句碎语破坏环境的统一，所有进行着的，都是简单的、自然的——这正是茶道的旨意。神奇的是，它还常常得以实现。所有的仪式后面，是“欲辨已忘言”的哲学真意，茶道，便是道教的化身。

第三章

茶与禅宗

很多机锋禅辩就在园中除草、厨房摘菜、端茶送水中完成了。茶道的整个理念，就是禅宗小中见大思想的结果。道教为茶道美学理念装点了基础，禅宗则将其付诸实践。

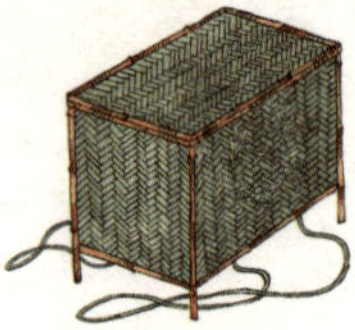

禅与茶道的联系是众所周知的。我们已经注意到茶道仪式是从禅宗仪式发展而来的。道家的创始人老子，也和茶的历史紧密相连。在记载这项习俗起源的中国古代典籍中，就提到向宾客奉茶的习俗来自老子的高足关令尹喜[①]，他曾经在函关外向“老君”奉上了一杯金色仙药。我们不需要纠结于这些故事的真实性，至少这些故事很有价值地说明了道家很早就有饮茶传统。我们对道教和禅宗的兴趣，主要是它们有关人生和艺术的思考，

① 关令尹喜，《列子》《庄子》《吕氏春秋》等记为关尹、关尹子、尹子、关令尹喜。官至周代大夫，周敬王二十三年天下将乱，辞去大夫官职，转任函谷关令，遇老子，得授《道德经》。

而这些思考已经嵌入了我们所谓的茶道中。

遗憾的是，尽管我们有了不少值得赞赏的尝试，目前还是没有足够关于道教和禅宗的外文展示。

翻译永远是一种背叛，如同一个明朝文人观察到的，最好的翻译也只是织锦的背面——所有的线都在那儿，但色彩和设计的精当之处都没了。不过话说回来，哪有什么伟大的教义是可以轻易被阐明的呢？古代圣哲从不会条分缕析地传道授业，他们常常自相矛盾，因为他们害怕太明确的判断反而让人误解真理。他们开始说话的时候听上去像个愚人，但结束时却能让听众变得更有智慧。有着独特幽默感的老子就说过："下士闻道，大笑之。弗笑，不足以为道。"①

"道"，从字面上来看其实是"路"的意思。它的翻译多种多样，有"路径""绝对真理""法""自然""至

① 语出《道德经》第四十一章。

理”“方法”等，这些翻译不是不对，因为根据探究主题的不同，道家使用的这一术语含义也在改变。老子自己就说过：“有物混成，先天地生。寂兮寥兮，独立而不改，周行而不殆，可以为天下母。吾不知其名，强字之曰道，强为之名曰大。大曰逝，逝曰远，远曰反。”[①] 道在通路中，而非只是路径，这是宇宙变化的精髓——周而复始，生生不息。它如同道家的龙图腾那样首尾相接，又像云彩那样聚散无常，道还可以被叫作“大易”，主观地说，它就是宇宙的情绪，它的绝对正是相对。

首先我们要记住的是，道家同它的正统继承者禅宗一样，代表的是中国南方的个人主义倾向，与中国北方儒家中表现的集体主义思潮恰好相对。当时的中国国土面积与欧洲相当，两条从中穿过的大河将其分为气质迥

① 语出《道德经》第二十五章。

异的两方土地。长江和黄河，就分别对应着欧洲的地中海和波罗的海。即使经过几个世纪的融合到了今天，南北民众的差异依旧巨大，就像拉丁民族和条顿人那样彼此不同。古代的时候，交流还不像现在这么发达，尤其是封建时期，这种思想上的不同是最显著的。因此，一个地域艺术和诗歌所生长的土壤，与另一个地域截然不同。在老子及其追随者，以及当时长江流域自然派诗人的先行者屈原身上，我们能看到一种理想主义精神，这种精神与同时期北方作家的乏味道德观大相径庭。老子生活的时代比基督教时期还要早 5 个世纪。

道家思想的基因早在老子（名聃）以前就已经出现了。中国古代典籍，尤其是《易经》，已经出现了道家思想的萌芽。对于中国古代文明律法和习俗的尊重，在公元前 16 世纪周朝建立时达到顶点，这就在很长一段时间内抑制了个人主义的发展。直到周朝土崩瓦解，无数独立王国建立，自由思想才得以枝繁叶茂。老子和庄子都是中国南方人，都是新派思想的伟大构建者。另外，孔子和他的三千门徒则致力维持祖先的传统。不了解儒家，就无法理解道家，反之亦然。

我们已经说过，道家的绝对就是相对。伦理上，道家指责律法和社会道德规范，因为于他们而言，对错是相对的。定义对错是一种束缚——“固定”和“不变”只是用于表达增长暂时停滞的术语。屈原说过：“圣人不凝滞于物，而能与世推移。”[①]我们的道德标准建立在社会过去的需要之上，但是社会是不是一成不变的呢？对公共传统的遵守总是包含着个人对国家的不断牺牲，而教育为了保持这种强大的幻觉，鼓励了这种无知。人们被教导的不是美德，而是行为规范。我们太过于自我，因此德行尽失。我们拥有所谓的道德良知，是因为

① 语出屈原《渔父》，但这句话是渔父说的，屈原本人不赞同，他坚持“宁赴湘流，葬于江鱼之腹中。安能以皓皓之白，而蒙世俗之尘埃乎”。

茶鑵

高二寸五分
徑一寸八分

錫製

錫茶器一品
浪花 花月庵藏
仝 松閑居藏

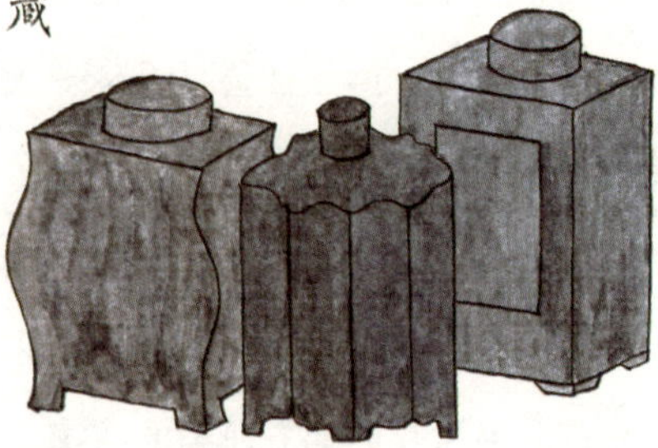

吹管

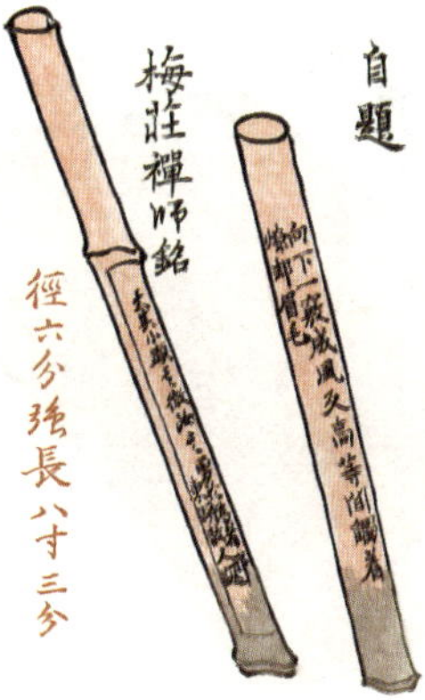

坐褥

凡五枚
以柿油紙
作之
長二尺五十
幅二尺

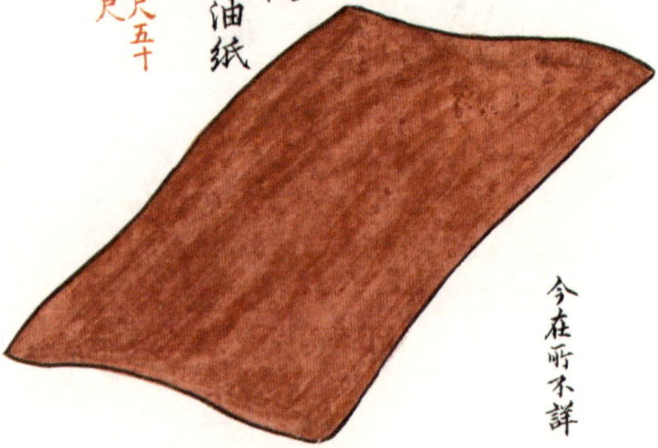

今在所不詳

滓盂

蒹葭堂寫在

徑三寸五分

深一寸

梅莊禪師銘

我们害怕告诉别人真实；我们沉溺于虚荣，是因为我们害怕真实地面对自己。倘若世事如此无稽，人又怎么会严肃面对世事呢？交易无处不在。荣誉和贞洁！看看那些得意扬扬的商人，到处贩卖着真实和善良，甚至连信仰也可以用钱购买。但这些不过是用鲜花和音乐装点的貌似神圣的道德规矩罢了，虽然真实存在，但是稀松平常。把这些道德殿堂的装饰物拿走，还剩下什么呢？然而这类交易却欣欣向荣，因为用难以置信的低价就可以买到——一张天堂券，一份良民证。快藏起自己的锋芒吧，倘若世人知道了你的真实才华，你就会被公共拍卖，价高者得。为什么男男女女这么热衷营销自己呢？这难道不是奴隶时期传下来的本能吗？

道家思想的生命力不仅仅在于它继续引领了后续的时代风潮，更在于它打破了当时思想的桎梏。秦朝时道家就是一股活跃的力量，当时这片土地正从四分五裂的状态形成我们今天所知的中国。如果我们有时间去研究它对于当时思想家、数学家、法家、玄学家、炼丹家和之后的长江流域自然派诗人的影响，应当会非常有趣。我们甚至不应该忽略那些思考“名相”、质疑“白马非马”的学家，也不应当忽略六朝的清谈之土，他们像禅宗哲人一样，沉浸于纯粹与抽象世界的讨论中。无论如何，我们要向道家表示敬意，因为它们对中华民族性格的形成起到了很大作用，使得他们审慎、文雅、“温润如玉”。无论是皇族还是隐士，中国的历史上不乏崇拜道家的例子，他们恪守信条，留下了各式各样的有趣逸事。这些故事充满了不可思议的奇闻逸事、寓意与警句，将趣味与教化融合在一起。我们可以同那些皇帝促膝长谈，他们从未逝去，因为他们从未出生。我们可以同列子[①]御风而行，寻找绝对的宁静，因为我们自己就

① 列子，生卒年不详，本名列御寇。周王朝时期道家学派代表人物。著有《列子》，其学说本于黄帝老子，归同于老、庄。

是风[1]，或者是与河上公[2]遨游半空，他就住在天地之间，因为他不从属于任何一方。尽管今天中国的道教已经十分怪诞，我们还是可以沉浸在这些其他宗教所没有的富饶想象中。

但是道教对于亚洲生活方式的最主要贡献还是在美学领域。中国历史学家总说道教是“处世之道”，因为它与俗世相关，和我们自己相关。神在我们心中与自然相遇，昨日与今日分离。此刻是流动不止的永恒，是相对的合理所在。相对需要调节，调节就是艺术。生活的艺术就在于对我们周遭环境的不断调节。道教接受世俗的本来面貌，而不是像儒家和佛教那样，试图在充满悲哀和烦恼的世界里寻找美好。宋代曾有三圣品醋的寓言，形象地说明了儒、释、道三种教义的不同导向。释

① 《列子》中不止一次出现御风的故事，其中列子本人便能御风。

② 河上公典出葛洪《神仙传》：“余上不至天，中不累人，下不居地，何民之有焉？”

迦牟尼、孔子和老子站在一坛醋前面——醋是生活的象征——每个人都伸出手指蘸了点儿醋尝了一下。实事求是的孔子说醋是酸的，释迦牟尼说是苦的，而老子则说它是甜的。

道家称，如果人人都能恪守物我统一，生活的喜剧将会更加有趣。保持万物的分寸感，给人留有余地但不失去自身的位置，是在乏味生活戏剧中获得成功的秘密。我们要想演好自己的角色，就得知道这场戏的全貌。整体的概念绝不能失于个人当中。老子用他最喜欢的“空”的比喻来阐述这一点。他说只有在空性之中才有真正的精髓。比如屋子的实质是被屋瓦砖墙包围的空间，而非屋瓦砖墙本身。水瓢之所以有用，是因为它空而可以盛水，而非水瓢的形态与质地。空无所不包，因而无所不能。只有在“空”中，运动才成为可能，一个人倘若能让自己成为“空”，让他人可以随意进入，他就能主宰所有。总体永远可以统御局部。

道家的观念极大影响了我们所有行动的理念，甚至影响了剑术和搏击术的理念。日本的自卫术之一柔术，名字就出自《道德经》中的一章。在柔术中，一方要努力通过不抵抗、通过“空”耗尽敌方的体力，保存自身体力的人将获得最终的胜利。在艺术中，同样原则的重要性则是由画作中的暗示体现的。通过留白，旁观者得以看懂全貌，杰作之所以吸引你的目光，是因为你已成为它的一部分。有一片“空”等着你进入，调动起你所有关于美感的情绪。

那些掌控了生活艺术的人，是真正的得道之人。一出生他就进入了梦境，至死方醒。他调和自己的光亮，是为了融入其他人的晦暗。“豫兮若冬涉川，犹兮若畏四邻，俨兮其若客，涣兮若冰之将释，敦兮其若朴，旷兮其若谷，混兮其若浊。”对他们来说，生命中的珍宝有三件：一曰“慈”，二曰“俭”，三曰“不敢为天下先”。

如果我们将注意力转向禅宗，我们会发现它正强调了道家的教导。禅这个字来源于梵语“禅那”，强调禅定。禅宗称，通过禅定有可能会获得超人智慧。禅定是禅宗得道的六度之一。禅宗弟子认为，释迦牟尼在他晚年的说教中对这一方法尤其强调，并将修禅方法传给了他的大弟子迦叶。迦叶也就是禅宗的初祖，根据传统，他将这一方法又传给了阿难，后者将其代代相传，直到二十八世祖菩提达摩。达摩老祖在 6 世纪上半叶来到中国北方，成为中国禅宗的初祖。有关这些世祖及其教诲的历史，传言有很多不确切之处。从哲学层面来看，早期的禅宗一方面和龙树的印度式否定论有共通之处，一方面和商羯罗建立的智慧哲学大有渊源。现如今我们所知道的最早的禅宗布道，应当归功于中国禅宗的六世祖慧能（637—713），也是南禅的创立者，南禅得名于其在中国南方的统治地位。慧能之后紧接着是马祖道一大师（788 年去世），后者成功使禅宗的影响进入了寻常百姓的生活。马祖道一大师的学生百丈禅师（719—

擔子

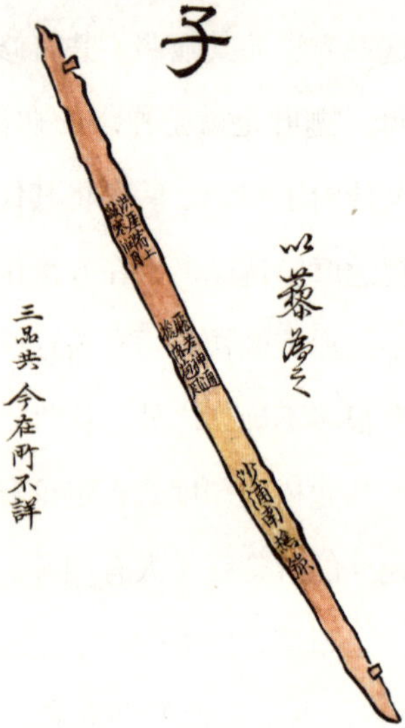

箋筒

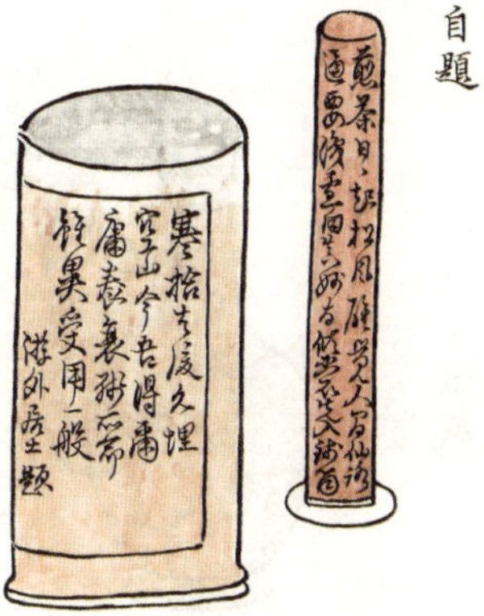

水注

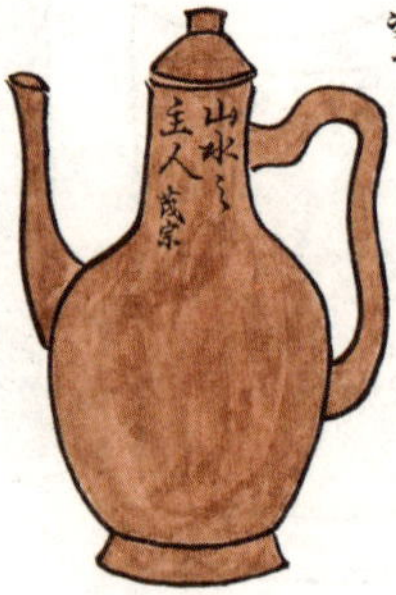

瓦爐

半田風炉　底有天下一ノ銘

自題

径一尺高八寸

三足

爐背

陸氏流風

同工異曲

晨烏夕烏

輔吾乾獨

言霞士題

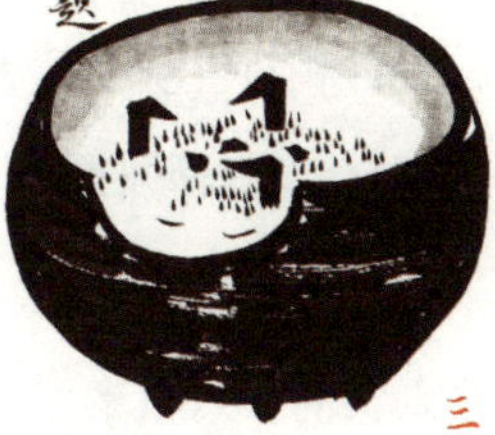

814）建立了第一座禅院，并为其打造了一整套仪式规章。从马祖道一大师之后的禅宗论辩中，我们会发现长江流域的本土思想模式已经取代了最初的印度式理想主义。无论宗派之间如何相轻，谁都不能否认南禅与老子及道教清谈派之间的相似之处。《道德经》中提到了凝神与调息的重要性——这一点在禅宗修炼中也非常重要。关于《道德经》的最佳注疏，也是出自禅宗学者之手。

禅宗同道教一样，崇拜相对性。某位大师将禅宗定义为"西南观北斗"[①]的艺术。要寻到真理，必须通晓相对的两面。禅宗和道教也都倡导个人主义。只有与我们心灵流转相关的，才是真实的。六祖慧能有一次看到两个僧人观察风中经幡飘扬，一个说是风动，另一个说是幡动；但是慧能向他们解释，既不是风动，也不是幡动，

① 语出《道德经》第十五章。

而是他们的心在动。

百丈怀海有一次同弟子行走在树林中，忽然有一只野兔落荒而逃。

百丈问："为什么兔子看见你要跑？"

弟子回答："因为它害怕。"

"不，"百丈说，"因为你有杀念。"

这段对话让我想到庄子的一段话。有一天庄子与一位朋友走在河边。

"鱼儿游来游去多欢乐啊。"庄子说。

他的朋友就对他说："子非鱼，安知鱼之乐？"

庄子则回答："子非我，安知我不知鱼之乐？"

就像道家常常挑战儒家思想一样，禅宗也和传统佛教有诸多相异之处。禅宗思想具有深刻的洞察力，相较之下，语言反而成了思维的阻碍；个人的角度不同，因此对佛教著作的解读也摇摆不定。禅宗信徒注重于事物内在的直接交流，外在的附着都是了解真理的阻碍。正是这种对抽象的热爱，使禅宗偏爱黑白水墨画，而非传统佛家的五彩壁画。有些禅宗弟子因为致力从内在认识佛性，成为打破偶像崇拜的先锋。

丹霞禅师就曾在冬日劈木制佛像取火。

被吓坏了的旁观者说："你怎么如此亵渎！"

丹霞禅师冷静地回答："我想要从火中取舍利子。"

"但是你这样肯定得不到舍利子啊！"路人生气地反驳。

然而丹霞禅师回答："如果我拿不到舍利子，这就不是真佛，也就不算亵渎神明了。"然后他就自顾着去烤火取暖了。

禅宗对东方思想最特殊的贡献，在于它认识到世俗与精神同样重要。它认为大千世界，无大小之分，一沙一世界。追求完美之人，必能在他自己的圣湖中发现内在光芒的反射。禅院的组织管理正是这一点的体现。除了住持，每个人都被安排照看寺院的工作。奇怪的是，小沙弥一般只要干轻活，而最受尊敬、资历最老的僧人却要做更卑微、更繁重的活儿。这正是禅宗体系的一部分，再微小的事情也要十足十地完成。很多机锋禅辩就在园中除草、厨房摘菜、端茶送水中完成了。茶道的整个理念，就是禅宗小中见大思想的结果。道教为茶道美学理念装点了基础，禅宗则将其付诸实践。

第四章

茶室之美

茶室的设计则十分害怕重复。装饰用的物品必须精挑细选，颜色和设计不能重复。要是你已经有了一盆鲜花，花的画作就不必放了。如果你有了圆壶，水盂就得是方形的。一只上了黑釉的茶碗不能配一只黑漆的茶罐。壁龛上的香炉不能放在正中央，否则会把空间分成相等的两部分。

与欧洲建筑师用砖瓦建筑房屋的传统相比，我们用竹子和木头建造的日式房屋简直都不能被算作建筑。直到最近，一位学习西方建筑的优秀学者开始认识到日式寺庙的无与伦比之美，并大加赞叹。我们的古典建筑也是同样的境遇。我们几乎不指望外人能够欣赏茶室的微妙之美，它的建筑及装饰原则同西方背道而驰。

茶室（Sukiya）其实就是个农家小院——或者像我们说的，叫草屋。日语里的 Sukiya 表意上来说就是“风雅之屋”。近来几位茶道大家根据他们对茶室的感知理解，替换了其中的一些汉字，所以现在 Sukiya 又可以指“空之屋”或“不全之屋”。它是风雅之屋，因为它

只是为了承载诗情，转瞬即逝；它是空之屋，因为它除了当下审美所需的几样物件，几无装饰；它是不全之屋，因为它原本就是对不完美的崇拜，有意留下一些缺憾之处，等着人们用想象力去填补。从16世纪开始，茶道的理念就如此影响了我们的建筑，以至于现在很多日本家庭的内部装饰还十分简约，在外国人看来简直空无一物。

第一个独立的茶室由千宗易[①]创建，也就是后来广为人知的利休，他堪称茶道大师中的大师。16世纪时，他在丰臣秀吉的资助下，建立并完善了茶道的一系列仪式。茶室原本的格局是由15世纪的茶道大师武野绍鸥[②]所定，早期的茶室只是将会客厅从中用屏风隔开，以

① 千宗易（1522—1591），安土桃山时代（织丰时代）活跃于界的茶道名家，被誉为“日本茶圣”。宗易是他的出家法号。天正十三年（1585年），作为丰臣秀吉的茶头，主持一次宫内茶会，被天皇赐予“利休”法名。

② 武野绍鸥（1502—1555），是千利休的老师，也是日本茶道创始人之一。

供饮聚。隔开的这一间叫作“围室”，今天那些建在房屋内部未能独立成间的茶室，依然沿用此名。而独立的 Sukiya 则由好几个部分组成：茶室本身，可以容纳不超过五个人，正巧呼应了那句“比美惠三女神多，比缪斯九女神少”的谚语；水屋（midsuya），用于洗茶具和提前摆放好的地方；门廊（machiai），是客人等候之地，直到主人召唤他们才可以进入茶室；露地（roji），是连接门廊和茶室的通道。茶室看起来其貌不扬，比最小的日本房屋还要小，所用建筑材料体现了一种高贵的清贫。但我们必须记住，这一切都是艺术深思熟虑的结果，在茶室细节斟酌上所下的功夫，甚至也许超过了最富丽堂皇的宫殿和庙宇上的花费。一间好的茶室，其造价胜过普通楼房，因为材料和工匠都需要精挑细选，要极其小心精准。实际上，茶师们所雇用的木匠在工匠中形成了一个独特的备受尊敬的阶层，他们的工艺丝毫不比漆匠逊色。

茶室不仅与西方建筑迥异，与日本自身的古典建筑也大有不同。我们古代的尊贵建筑，无论世俗或神圣，即使从建筑规模上也不容小觑。经历过几世纪火灾风险仍幸存的少数建筑，今天仍以其宏伟和装饰之富丽打动我们。直径两三英尺、高三四十英尺的巨大木柱，通过结构复杂的建筑支架，撑起在屋瓦的重压下嘎吱作响的巨大横梁。建筑本身虽不防火，却能抵御地震，并与这个国家的气候条件完美契合。法隆寺的金堂[①]以及药师寺[②]的佛塔都证明了我国木质建筑的持久性。这些建筑已经屹立近12个世纪而未有损坏，古寺和宫殿的内部

---

① 法隆寺，又称斑鸠寺，位于日本奈良生驹郡斑鸠町，始建于607年。寺内保存有自飞鸟时代以来的各种建筑及文物珍宝。法隆寺建筑物群和法起寺共同在1993年以“法隆寺地区佛教建造物”之名义列为世界文化遗产。法隆寺于1950年从法相宗独立，现为圣德宗本山。包括金堂在内的部分建筑，为世界上现存最古老之木构建筑群。

② 药师寺，位于日本奈良市西京，又称西京寺。为日本法相宗大本山之一、南都七大寺之一。建于天武天皇九年（680年）。1998年，以古奈良的历史遗迹的一部分而列入世界遗产名单之中。

装饰都富丽堂皇。上溯到10世纪时的宇治凤凰堂[①]中，我们仍可以看到精致的华盖和镀金的佛龛，色彩华美，琉璃与螺钿镶嵌其中，墙上有曾经放置过画作和雕塑的痕迹。之后，在日光城[②]和京都二条城[③]，我们可以见到结构的宏观之美是如何让位于近似于阿拉伯或摩尔式建筑那卓绝辉煌的、注重色彩与细节的装饰。

茶室的简约和纯净是对禅院的效仿。禅院与佛寺不同，因为它只是僧人的居所。它不是朝圣或者祈祷的场所，而是禅院弟子辩禅与练习禅定之地。空空荡荡的禅堂里只有中心位置的佛龛和祭坛后的菩提达摩祖师像，

---

① 凤凰堂为位于日本京都宇治的平等院中的一组建筑，原为一贵族府邸中供奉阿弥陀佛的佛堂，名为阿弥陀堂。其布局类似贵族府邸中的“寝殿造”。以中堂为中心，左右两侧建长翼廊，中堂背面伸出尾廊，整体造型，恰如一只凤凰展翅飞翔，故得此名。平等院约建于平安时代的1053年，作者言10世纪，误。

② 日本栃木县日光市有许多日本古建筑，此处应指东照宫。东照宫是供奉日本最后一代幕府——江户幕府的开府将军德川家康的神社，建于1617年。

③ 二条城又名二条御所，位于日本京都，是幕府将军在京都的行辕。德川家康下令建于1603年，是江户幕府的权力象征。

有时是释迦牟尼和他两个弟子阿难和迦叶的雕像。祭坛上的鲜花和焚香用于纪念这些圣人为禅宗做出的巨大贡献。我们之前说过，禅宗僧人创立了在达摩祖师像前共碗饮茶的仪式，这为现在的茶道打下了基础。我们可以再补充一点，禅院的祭坛其实是壁龛（Tokomoma）的原型——壁龛是日本房间里最尊贵之处，常常装点以插花和绘画，供客人陶冶情操之用。

所有伟大的茶师都师从于禅宗，并尝试将禅的精神引入日常生活中。所以茶室就同茶道仪式的其他组成部分一样，反映了禅宗教义。正统茶室的大小是四张半榻榻米，也就是十平方英尺，这源自《维摩诘经》[1] 中的一篇文章。在这部有趣的著作中，维摩诘居士就是在这样一间大小的房间里接待了文殊菩萨以及佛的八万四千名

① 全称《维摩诘所说经》。维摩诘（诘音乞），生卒年不详，为佛教居士、在家菩萨。维摩诘可意译为以洁净、没有染污而著称的人。

弟子。这则寓言是为了表达，对于真正悟道的人来说，空间是不存在的。而连接门廊和茶室的露地则象征着禅定的第一阶段，意即打破与外界的联系，带来清新感觉，让人完全沉浸在茶室自身之美的享受中。走过这条露地的人，行走在常青树影里。铺路石错落有致，石缝下有干枯的松针，石灯笼上爬满青苔，你不会忘记灵魂是如何摆脱了庸常思考的。人虽居闹市之中，身心却好似远在山林，不受文明尘嚣喧扰。茶师们是多么天才啊，如此费尽心力来创造出这种平静和纯粹。穿过露地时心头所涌起的情感，不同的茶师感受各不相同。有些茶师，比如利休，醉心于极致的孤寂，称露地的秘密已经隐藏在一首古代短歌中：

> 四望岂得花叶茂，
> 海浦茅舍秋暮里。

而另一些禅师，如小堀远州[①]，却有另一番境地。小堀远州说露地的理念可以在下面的句子里找到共鸣：

夏夜望海远，
茂林眺月晦。

想要揣摩小堀的意思并不难，他想要创造的境界，是一个刚刚苏醒的灵魂，一边沉浸在挥之不去的旧梦里，一边呼吸着芳醇灵光的甜蜜而心旌神摇，并盼望着栖息在广袤远方的自由。

一切准备妥当后，客人会安静地走向茶的圣殿。如果来者是武士，就要把刀放在檐下的刀架上，茶室便成了超然的和平之室。然后客人弯腰膝行，穿过一道不到

① 小堀远州（1579—1647），又名小堀政一，茶道“远州流”的创始人。日本江户幕府第三代将军德川家光的茶道师范，本身也是一个大名。师从千利休得意弟子古田织部。

三英尺高的矮门。所有人都不能避开这道程序，无论地位高低，从而学会谦卑。在门廊等待时，客人进入的次序便已决定好了。等到客人一个接一个悄无声息地进屋落座，首先便是向壁龛中的挂轴和插花致礼。直到所有客人坐定，一片宁静，只剩下铁壶煮水的声音，主人才会出现。水沸的声音很好听，因为壶底特意放了几个铁块，从而产生一种别致的音律，人们从中可以听见瀑布的回声被云朵包裹，海浪拍打在岩石上，暴风雨袭过竹林，松音响彻远山。

即使到了白天，茶室内的光线依然幽暗，因为屋檐低斜，挡住了大部分阳光。上至屋顶下至地面，处处颜色冷肃，客人也会小心着装，避免颜色冲撞。茶室里每样器具都有厚重的岁月印记，除了洁白崭新的竹制茶筅和麻制茶巾，新近的物品在这里都是禁忌。不管茶室和茶具看起来有多么暗淡，所有的东西都绝对洁净。即使在最阴暗的角落里，都不会发现一粒灰尘，否则，主人

就称不上是一位真正的茶师。对茶师最基础的要求之一，就是要知道如何清扫和洗涤，因为清扫中也有艺术的真义在。

古色古香的金器，绝不能像荷兰主妇那样鲁莽打理。盆花中滴下的水珠不必拂去，因为它有露珠清凉之意。

关于这一点，利休的一个故事完美诠释了茶师对洁净的定义。利休看儿子绍安打扫庭园，浇灌露地。绍安打扫完之后，利休说："还不够干净。"让绍安再做一次。绍安又忙碌了半个时辰，筋疲力尽，向利休回禀："父亲，一切都尽心打扫过了。台阶已清洗三遍，石灯和树木都妥善冲洗，苔藓和地衣鲜绿泛光；我不曾让一根树枝、一片树叶留在地上。""痴儿啊！"茶师呵斥道，"园中小径不该这般打扫。"话音未落，利休走进庭园，摇动一棵树，金色和深红色的叶子散落园中，如秋日碎锦！利休要求的不仅是洁净，还要美和自然。

“风雅之屋”之名，意味着茶室的设计是为了满足个人的审美需求。茶室是为茶师而造，并非相反。茶室不为子孙后代而造，因此转瞬即逝。人人都应该居得其所，这是日本民族的古代习俗。根据神道教的信仰要求，一旦屋主去世，屋子必须清空。这么做也许是有某些潜意识里的卫生原因。另一个古老习俗是必须为新婚夫妇新建一座房屋居住。正是由于这些风俗，我们发现古时候常常迁都。供奉天照大神①的伊势神宫每二十年就要重建一次，这是古代风俗存留至今的一个例子。要保留这样的习俗，就必须以木质结构来建造房屋，易推倒，也易重建。更为持久的砖石建筑，对于流动迁徙者并不实用，直到奈良时代之后，我们才开始学习中国更为坚固庞大的木质建筑方法。

① 天照大神，或称天照大御神、皇大御神、大日女尊、大日灵等。日本神话里的三贵子之一、高天原的统治者与太阳的神格化。她被奉为日本天皇的始祖，也是神道教最高神。

随着15世纪禅宗个体主义精神占据主流，我们就可以从茶室中感受到，古老的建筑理念是如何融合了更深层次的意蕴。佛理有云，万物无常，加上禅宗心高于物的要求，房屋成为身体的临时居所。身体本身也不过是荒野中的茅屋，是一处脆弱的庇护所，由四周的茅草捆扎而成——终有一天要松散开来，人身也就归于荒芜。茶室的茅草屋顶，暗喻韶光易逝；细长支柱和竹制支撑，则是人生脆弱和个体轻微的缩影；对原材料的选用更是明显地漫不经心。永恒只存在于精神，精神则内化在这些简朴的周遭中，因其精工细作而妙不可言。

茶室必须依照茶师个人的审美品位来建造，这是对艺术生命力原则的印证。艺术如果要被充分欣赏，就必须来源于当下生活。这不是说我们要忽略子孙后代的审美主张，而是说我们要更享受当下；也不是说我们要完全抛弃过去的创造，而是要把过去融入我们自己的意识当中。盲目遵循传统和准则，只会阻碍建筑中的个人表达。对于现代日本盲目模仿西洋建筑的风气，我们除了哀叹，别无他法。我们非常惊讶的是，即使是在最先进的西方国家，建筑也毫无新意，千篇一律。也许我们正在经历一个艺术民主化的时代，只能等待着一位大师的出现来建立新的艺术王朝。真希望我们能更多地敬爱往昔，更少地抄袭古人！希腊人之所以伟大，就是因为他们从不会照抄古人。

“空之屋”这个名字，除了传达道家的兼容并包理论，还涵盖了另一种理念：在装饰中流动不居。除了临时要放置一些物品来满足审美心绪，茶室是绝对的空。一些别致的艺术品因为茶会需要会被放进来，主人也会精挑细选一些其他的东西摆放，围绕一个主题进行装点。一个人不可能同时听两首曲子，对美的真正理解也只有专注于某一中心主题才有可能。因此，茶室中的美学系统与西方大异其趣，后者的屋子里常常装饰得像博物馆。对于已经习惯了简练和多变装饰风格的日本人来说，满满都是画作、雕塑、古玩的西方室内陈设给人的印象是单纯炫富。单单是一幅杰作，我们就要投入很大的心力去欣赏；那些可以整天待在眼花缭乱的室内的人，得有多强大的艺术能量啊，可这偏偏是欧美布置房屋的常事。

“不全之屋”则表露了我们装饰观的另一面。西方批评家常常提到，日本艺术缺乏对称性。这是道家理念禅宗化的结果。儒家理念深受二元论的影响，而北传佛教则崇拜“三元”[①]，二者都不会反对对称性。实际上，如果我们研究中国古代青铜器，或者唐朝和奈良时期的宗教艺术，都会发现它们对于对称性的一贯追求。日本经典的室内装饰也深受影响，十分规则。然而禅宗和道家对于完美的解读却与此不同。二者哲学流动不居

① 三元，兼有以三为一组和崇拜之意，与佛教最重要的基本思想相关者，当为“三身佛”“三宝佛”或“三世佛”。

的本质使它们更加注重追求完美的过程，而不只是完美本身。只有在心灵中对不完美的东西加以完美，才有可能领悟真美。生命和艺术的生气源自它们不断生长的可能。在茶室中，所有的一切都交与客人自己去想象，来完善与他们有关的这幅图景。由于禅宗已经成为主流思想，日本艺术就有意地避免了对称，也就避免了完满和重复。设计的千篇一律被认为是天马行空想象的致命伤，因此，风景、花鸟成为画家笔下的最爱，而非人体，因为人已经是画作的观众了。可是我们往往喜欢引人注目，对虚荣与自尊所带来的乏味单调无所顾忌。

茶室的设计则十分害怕重复。装饰用的物品必须精挑细选，颜色和设计不能重复。要是你已经有了一盆鲜花，花的画作就不必放了。如果你有了圆壶，水盂就得是方形的。一只上了黑釉的茶碗不能配一只黑漆的茶罐。壁龛上的香炉不能放在正中央，否则会把空间分成相等的两部分。壁龛的支柱和其他的支柱必须使用不同的木头制成，以打破任何有可能产生的一致性。

再一次，我们看到日式室内设计与西方的不同，在西方，物件总是在壁炉等其他地方对称地摆放着。在西方的房舍中，我们常常会遇到于我们而言无用又重复的存在。我们想要和一个人说话，却发现他的等身肖像画正从他的背后凝视着我们。我们不禁疑惑，画中的他和我们眼前的他，究竟谁是真的？并感到一种奇特的确信：其中之一一定是假的。有多少次我们在节日宴席中，凝视着客厅墙上目不暇接的装饰品，受到莫名的冲击而难以下咽？为什么要描绘这些被追逐和狩猎的对象？为什么要对这些肥鱼和水果精雕细琢？为什么要把这些家族的杯盘陈列出来，是为了让我们想起那些使用过它们的先辈吗？

茶室的简洁和清尘脱俗，使它真的成为远离外部喧嚣的一片净土。只有在那儿，人才可以将自己奉献给对美的崇拜，完全不受打扰。16 世纪时，茶室为那些投身日本统一和重建的武士与国士，提供了暂离疲累的歇息之所。17 世纪时，德川家颁布了严格的法度，茶室提供了艺术精神自由交流的唯一场所；在伟大艺术面前，再没有大名、武士和町人的区别。今天，工业主义让全世界范围内的精细制作处境艰难，我们是不是比以前更加需要一间茶室呢？

第五章

艺术欣赏

茶师会像对待宗教圣物一样保护起他们珍藏的艺术品，通常要一个接一个地打开层层相套的盒子，才能见到那柔软绸缎层层包裹下的最神圣之物。这艺术品很少见光，也只有入室弟子有机会欣赏它。

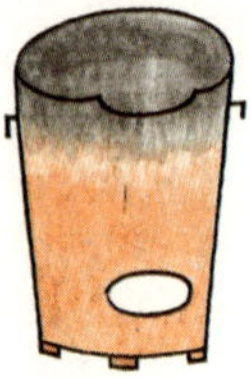

你听过道家传说“伯牙驯琴记”[①]吗？

太古时代，龙门峡谷有棵泡桐树，堪称森林之王。它扬起枝丫，与星辰攀谈；根深深扎进土里，青铜色的根须与地下沉睡的银龙相交缠。相传有一道行精深的高人用这树做了一张琴，琴魂桀骜，只有最伟大的音乐家才能将其驯服。这张琴长久以来一直为中国的帝王所珍藏，却未有人才可拨弄其琴弦，奏出动听的乐章。对奋

① 伯牙其人其事，最早见于《荀子·劝学篇》“伯牙鼓琴而六马仰秣”之语。《吕氏春秋》中有伯牙与钟子期的故事，为后世“知音”“高山流水”“伯牙绝琴”的典故来源。

建水

終南禪師銘

徑四寸高一寸六分

具列

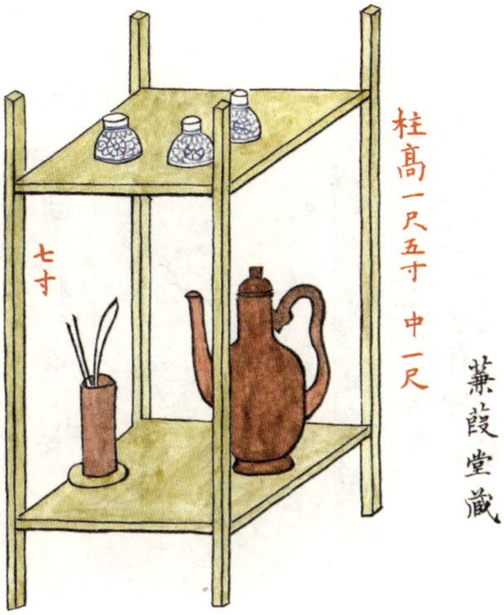

茶旗

高翁常用之衣之绡也
清風之文字大典禪師書
左右之詩文桂州禪師書
浪花三宅氏蔵

茶壺

南京生花

大〻方壺品 浪花 花月菴蔵

小〻方壺品 浪花 松間居蔵

力以此琴演奏的人，琴报之以刺耳的声音。声音中充满鄙夷，与弹琴人想开口唱出的曲调毫不相符。琴始终拒绝认主。

最终是琴圣伯牙驯服了它。他先用手指温柔地爱抚它，就像在安慰一匹狂躁的野马，随后又轻轻触了触琴弦。他开始歌唱大自然，歌唱四季和高山流水，唤醒了古树所有的记忆！春天甜蜜的气息又一次在它的枝杈间嬉戏。年轻的瀑布，从峡谷奔流直下，笑对正在绽放的花朵。俄而，夏天那梦幻的声音飘到耳际，交杂的虫鸣、轻柔的雨声和杜鹃的啼哭不绝于耳。听！一只虎在咆哮，响彻山谷。这是秋天了，在凄凉的夜，月光如利剑照在结霜的草地上。冬天来了，成群的天鹅在漫天飞雪中盘旋，簌簌落下的冰雹击打着树干。

曲调一转，伯牙又歌颂起爱情。森林摇曳，如陷入沉思的热忱情郎。天上一片明亮清丽的云朵，如高傲的少女浮掠而过，唯在地上留下长长的阴影，阴影中透着黑色的绝望。曲调再转，伯牙唱起战争，歌唱刀光剑影，战马奔腾。琴声中，龙门峡谷风雨狂作，飞龙驾乘闪电而来，雷鸣轰轰，撼动山峦。皇帝听闻此曲，心中大喜，忙问伯牙何以驾驭此琴。“陛下，”伯牙答道，“其他人之所以失败，是因为他们皆是为自己而唱。我却把主导权交给了琴，沉浸于琴声之中，分不清是伯牙化作了琴，还是琴化作了伯牙。”

这个故事很好地诠释了艺术欣赏的奥妙。伟大的著作是我们以最为细腻的心弦弹奏的交响乐。真正的艺术是伯牙，而我们是龙门的古琴。一经具有魔力的美好事物触碰，我们内心深处隐藏的和弦就立即被唤醒，于是我们颤动着，激动地响应召唤。那是心灵与心灵的对话。我们所听到的无法用言语表达，我们凝视的是看不见的事物。艺术家奏响的乐章，我们从未听说，但回忆一齐涌向我们，它们被赋予了新的意义。那些被恐惧扼制的希望，那些我们不愿正视的欲求，闪耀着光荣的色彩来到我们面前。我们的心灵是画布，艺术家在上面挥洒颜色。他们用颜料调制出我们的情感，他们画出的明暗诉说着我们心中欢乐的光芒与忧伤的阴霾。这作品即我们，我们即作品。

艺术欣赏中心灵的交流，必须基于相互的谦卑退让。观众要以适合的态度接收艺术家传递的信息，而艺术家也要通晓有效传递的方式。身为大名的茶师小堀远州为我们留下了一句隽永的名言："见画如见王。"意思是为理解艺术作品，我们要降低自己的身份，屏住呼吸，聆听它口中流出的只言片语。一位宋代批评家曾做过一番有趣的自白："年轻时，我称赞那些我喜欢的大师；而等到判断力逐渐成熟时，我称赞自己，因为我喜欢上了这些大师引导我去喜欢的画作。"我们中很少有人愿意努力去钻研大师表达的情绪，真是悲哀。出于顽固的无知，我们没有给予这些大师最起码的尊重，于是经常错失美在我们眼前铺展开的盛宴。大师以佳肴相待，我们却缺乏欣赏力，因此只得饥肠辘辘。

对于那些可以对作品感同身受的欣赏者来说，艺术作品是切实的存在，他们被一把拽入其中，感受到与艺术家的同伴情谊。艺术家是不朽的，因为他们的爱和恐惧会一遍又一遍地在我们心中上演。吸引我们的是艺术家的灵魂而不是他们的双手，是艺术家本身而不是他们的技能。作品越是富有人性，我们内心的响应就越深沉。这是因为艺术家和我们之间实现了隐秘的沟通，我们与诗中或爱情故事中的男女主角同悲共喜。被视为日本莎士比亚的近松[①]定下了戏剧创作的第一原则——引导观众进入作者的世界。他的很多学生向他提交了自己的作品，以期得到他的肯定，但只有一份作品吸引了他。这

---

① 即近松门左卫门（1653—1725），日本江户时代净瑠璃（木偶戏）和歌舞伎剧作家。原名杉森信盛，别号巢林子，近松门左卫门是他的笔名。出身没落的武士家庭，青年时代作过公卿的侍臣。共创作净瑠璃剧本一百一十余部、歌舞伎剧本二十八部。

部作品的情节有些像《错误的喜剧》[1]，剧中双胞胎兄弟因被弄错身份而饱受苦难。“这部作品，”近松说，“具备真正的戏剧精神，因为它将观众纳入了考虑范围。观众比演员了解到更多的东西，他们知道错误出在哪里，他们同情那些不知情地奔赴自己命运的可怜人。”

无论东方还是西方，那些最伟大的艺术家从未忘记在作品中进行暗示，以引导欣赏者进入他们的世界。伟大的作品，总是向我们展示思想的宏大远景，我们怎能不为之深感敬畏呢？这些艺术家的作品是如此亲切而富有同情心，与他们相比，那些现代的平庸之辈是多么冷漠呀！在伟大的作品中，我们感受到从一个人内心流淌出的暖流；而在庸常的作品中，我们得到的仅仅是程式化的敬意。现代艺术家只专注于提升技能，却很少超越自己。他们就像那些无力唤醒龙门古琴的琴师一样，只

---

① 《错误的喜剧》（*The Comedy of Errors*），是莎士比亚早期的一本滑稽喜剧。

歌唱自己。他们的作品可能更接近于技术，却缺乏人性。日本有句古话，女人不能爱上一个自负的男人，因为他的内心只有自己，没有缝隙可以让爱进入并充斥其中。虚荣对艺术来说是致命的，无论对艺术家还是欣赏者来说，它都会扼杀那珍贵的感同身受之情。

在艺术中，没有什么比相近灵魂的碰撞更神圣的了。在心灵交汇的那一刻，艺术爱好者便超越了自己，那时，他便时而存在于世间，时而又消失不见。他抓住了瞬间的永恒，语言表达不出他的喜悦，因为眼睛没有喉舌。他的灵魂从俗物的桎梏中脱离出来，随万物的韵律移动。此时，艺术便成了宗教，使人类变得高贵。正是这样的心灵交汇使艺术作品变得神圣。古时候，日本人对于伟大艺术家的作品怀有很深的敬意。茶师会像对待宗教圣物一样保护起他们珍藏的艺术品，通常要一个接一个地打开层层相套的盒子，才能见到那柔软绸缎层层包裹下的最神圣之物。这艺术品很少见光，也只有入

灰爐

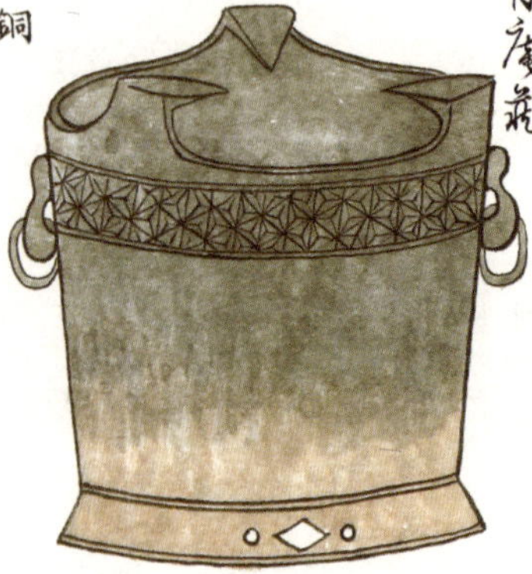

唐物古銅

於外箱所持黄檗山去道禄沙傳来

今花月庵藏

床瓶

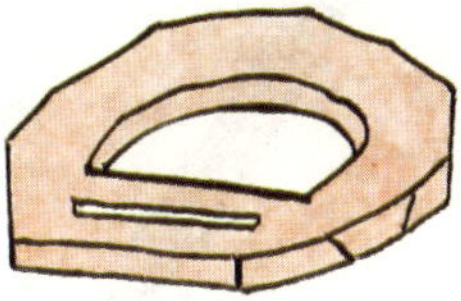

高遊外翁所持竹根節ヲ以
自造之仙菓ト共焼失ス今
浪華花月菴之写所持ス

檛炭

自題

在所不詳

餉焙

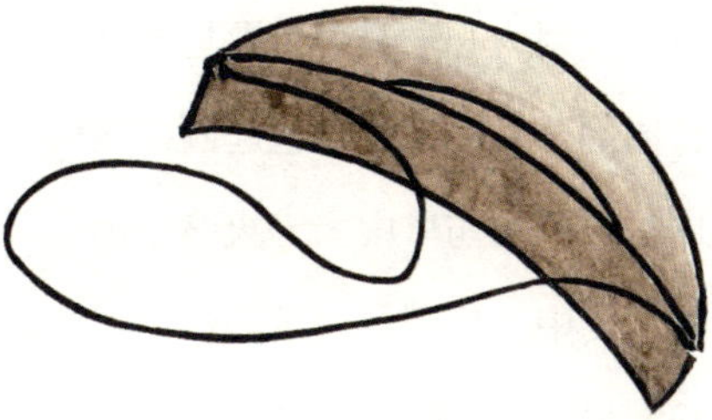

室弟子有机会欣赏它。

茶道盛行的年代，比起大片领土，太阁的将军更愿意得到一件珍贵的艺术品作为战胜的奖赏。很多深受大家喜爱的戏剧都是以名品的失而复得为主线的。例如在一部戏剧中，细川氏的宫殿因为当值守卫的疏忽突然起了火，里面珍藏着雪村周继著名的达摩画像。守卫下定决心，冒着生命危险也要救下这幅珍贵的画作。于是他冲进着火的宫殿，但拿起画轴之后，发现所有的出路都被大火切断了。因为心中只想着要把画救下，他便用剑把自己的身体剖开，撕下袖子包起画，然后把包好的画作用力插进他张开的伤口中。等火终于熄灭了，人们在一片冒烟的灰烬中，找到了一具残存的尸体，而尸体里的珍品完好无损。这个故事也许耸人听闻，但我们从中除了了解到守卫的忠诚和献身精神以外，也明白了一件名贵的艺术品在当时被赋予了多么重要的价值。

我们须牢记这一点：无论如何，艺术的价值取决于它在多大程度上可以对我们诉说。如果我们的艺术理解力是无限的，那艺术将会是一种无限的语言。但是，我们生命的有限性、传统的力量和我们传承而来的天性都会限制我们艺术欣赏的范围。某种程度上来说，我们的自我意识限制了我们的理解能力；我们的审美在过去创作的艺术品中寻找的是能与它产生共鸣的作品。确实通过后天培养，我们的艺术欣赏范围会被拓宽，我们会有能力欣赏过去意识不到的美。但是，最终我们在宇宙中看到的只是自我的形象，我们独特的个性决定了我们艺术欣赏的角度。茶师收集艺术品时，也是严格按照个人的艺术欣赏标准。

谈到这点，也许有人会联想到小堀远州的故事。远州的弟子称赞他挑选收藏品的高雅品位。他们说："每件艺术品都令人羡慕不已。这说明您比利休的品位更高雅，他的收藏，一千人中仅有一人愿意欣赏。"远州听了这话，伤感地说："这恰恰证明了我的品位多么普通。

伟大的利休敢于欣赏那些只对他个人有吸引力的艺术品，我却在潜意识里迎合大众的口味。利休才真正是千里挑一的茶师。”

很遗憾今天我们对艺术的狂热缺乏真实的情感基础。在这个民主的时代，人们完全不考虑自己的感受，他们热切地追求大众所青睐的。他们想要价格最高昂的艺术品，而非最精致的；他们想要最流行的，却不是最具有美感的。对于大众来说，他们假意欣赏意大利文艺复兴时期或足利时代[①]大师的作品，但其实他们更欣赏工业流水线上生产出的“高级产品”，那些带有插图的杂志，因为这些是更易消化的艺术食粮。对他们来说，艺术家的名字比作品本身的质量更加重要。正如一位中国艺术批评家在几百年前发出的怨言：“世人是以耳赏

① 足利时代（1333—1573 年），又称室町时代。这段时间日本融合传统与外来的思想文化元素，加上经济和政治的需要，造就日本艺术领域中的发展与创新，催生许多艺术家和艺术品。

画。”正是真实艺术欣赏的缺乏，导致伪经典遍布四处，甚是恐怖。

艺术欣赏中另一个常犯的错误，是把艺术和考古混为一谈。对于古物的崇敬是人性中最美好的品质，我们也很乐意将这一品质发扬。古代的茶师受人尊敬是理所当然的，因为他们为未来的启蒙开辟了道路。他们经历几个世纪的鞭策，却依然带着荣光，完好无损地来到我们面前，确实应该受到我们的尊敬。但如果我们仅凭年代的久远来评判这些茶师的成就，那就太愚昧了。而我们也确实任凭历史情感凌驾于艺术品质之上，我们将赞许的鲜花献给那些坟墓中安详的逝者。19 世纪进化论盛行，那时起我们便养成了习惯，对物种中的个人一直缺乏关注。收藏家都热切地寻求能阐释某个时代或某个流派的代表作，他们却忘了，仅仅一部伟大的艺术创作就能抵过一个时代或一门流派的无数平庸之作。我们太热衷于鉴别，以致失了欣赏的乐趣。美感服从于所谓的

科学展示方法，是许多美术馆弊败的根源。

对生命的质量来说，当代艺术提出的主张都不容忽视。当代艺术诠释的是那些属于我们的东西——我们自己的倒影。因此，谴责当代艺术就是谴责我们自己。如果我们说现代无艺术，那么是谁的责任呢？我们对古物如此热衷，狂热崇拜，对我们自己的潜能却百般忽视，实在惭愧。挣扎的艺术家，疲倦的灵魂只能在冷漠的、鄙夷的阴影中徘徊游荡。在以自我为中心的年代，我们能给予他们什么灵感呢？过去的人定会抱着遗憾审视当今文化的匮乏，未来的人则会嘲笑我们艺术的空虚。我们正在毁灭生活中的美。希望那位伟大的道人，能以社会为枝干，造古琴一把，其弦在才子的撩拨下，再奏美妙的乐章。

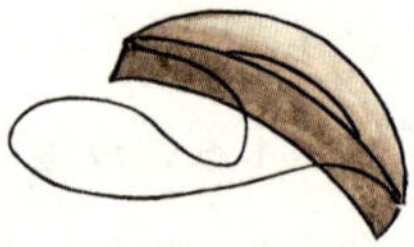

第六章

花道冥思

任何熟悉茶道和花道大师之道的人定会注意到他们思虑花朵时萌生的宗教崇拜。他们并不会随意采集，而是依据脑海中的艺术构成，双眼凝神，精挑细选。若是不经意间采下多余的花枝，他们便会感到羞愧难当。

負郭占樓地
清風
通仙亭
緣林設茗筵

春日微醺的晨曦中，当鸟儿在树丛间婉转私语，你可曾知觉它们正与爱侣谈论着花儿？诚然人类对花的欣赏是与情诗相伴生的。还有什么比在花朵中更能引人联想起少男少女灵魂的舒展？她的甜蜜源于无意，芳香深自缄默。第一个将花环献给挚爱的原始人由此超越了他的粗野本性。他超脱于本性原始的需求而成为新的人。他进入艺术的王国，因他从无用之物中瞥见了其不易被察觉的用处。

无论欣喜与忧郁，花朵总是我们的恒常友伴。我们的饮食、歌舞与情爱中皆有花的身影。我们的婚礼与施洗，她也如影随形。即便是死亡也不能让她缺席。我们用百合祭祀，用莲花冥思，在冲锋陷阵时不离玫瑰与秋菊。我们甚至试图用花的语言对话。没有花，我们要如何度过年华？想象一个没有花的世界令人害怕。对卧榻上的病患，她们带来怎样的慰藉？对黑暗中困顿的心，她们带来何等的欢愉？她们静谧的柔情缓和了我们对宇宙渐失的信心，正如一个漂亮孩子的凝神注视重新唤起我们遗失的希冀。当我们复归尘土，是她们在我们的坟边踽踽徘徊。

可悲的是，尽管有花朵常伴左右，我们也无法否认我们并未从顽劣本性中超脱许多。剥去温驯的羊皮，我们心中的恶狼旋即露出獠牙。人们常道十岁为牲畜，二十岁变疯癫，三十岁无成事，四十岁善诈欺，五十岁恶满盈。也许人终究要成为恶人，是因为他们始终无法摆脱动物的本性。对我们来说，除了饥饿之外一切皆是虚幻，除了欲望之外再无神圣。一座座神龛在我们眼前坍塌；唯余下一座祭坛，我们在此供奉无上的偶像——

我们自己。我们的神祇如此伟大，而金钱则是他的先知！我们强暴自然只为了向他献祭。我们吹嘘自己征服了物质，却忘了实则是物质奴役了我们。我们打着文化和高雅的旗号犯下了多少滔天罪行。

告诉我，温柔的花朵，或许我该称你为星星的眼泪？你在园中对着歌颂露珠与阳光的蜜蜂輾然颔之，你是否察觉到那等待你的可怕厄运？在夏日的和风中尽情做梦、摇曳嬉戏。明日一只残忍的手将要扼住你的喉咙。你将被折磨、肢解并离开你宁静的家园。那卑鄙的刽子手，他或许只是碰巧经过。他或许还对你的可爱赞不绝口，指间却沾着你的鲜血。告诉我，这可是所谓的良善？也许你注定将被囚禁于某个无情之人的鬓发之间，或委身于钮扣孔里，而它的主人在你化作人形时却惶惶然不敢直视你。也许局促于一个盛着死水的狭小容器之内是你难逃的宿命，对你而言，它预示着不断衰弱的生命。

花朵啊，若你不幸生长在天皇的土地上，你或许会

碰到一位装备着剪刀与小锯的名士。他会称自己为“花道大师”。他将声称自己拥有医生的权利，而你会本能地憎恶他，因你知晓一个医生往往想方设法延长病人的苦痛。他切割、扭曲，把你拧成在你看来难以忍受而在他看来恰如其分的形状。他扭曲你的肌肉并且像骨科大夫一样令你的骨头脱臼。他用炽热的炭火替你止血，而将金属线刺入你体内帮助你循环呼吸。他把盐、醋、明矾甚至硫酸供你食用。在你即将昏厥之时，滚烫的开水被浇洒在你的脚上。他定会自大地吹嘘他是如何将你的生命延长了两周或更长。可是难道你不会更渴望在你被俘获的那一刻就拥抱死亡吗？你前世的化身究竟犯下了何等恶行，才使你在此生遭遇这般严酷的惩戒？

相比“东方花道大师”的此番对待，花朵在西方世界中遭遇的无节制的浪费更加令人发指。每天被切割用以装饰欧美地区的舞厅和宴会而次日即被弃之不用的花朵，一定数不胜数；如果让她们首尾相接，或许能圈出一整块大陆。与这种极度的草率相比，“花道大师”的罪责倒显得无足轻重了。至少，他尊重自然的经营，以颇为审慎的眼光拣选他的牺牲品，并在她们死后向她们的残骸致以敬意。在西方，花朵的炫耀似乎是荣华富贵的一部分——昙花一现的梦幻感。当盛宴结束，人潮散去，这些花朵将去向何处？没有什么比看到一朵行将凋零的花被无情抛掷于粪堆之上更让人遗憾。

为什么花朵天生丽质却命运多舛？昆虫微不足道尚能叮咬，即便最温驯的动物在被逼入绝境之时也会奋起反抗。羽毛被用作帽饰的鸟儿能飞离追捕者，毛皮为人觊觎的走兽懂得躲避陷阱。唉！唯一有羽翼的花朵是蝴蝶；所有其他的花朵只能在刽子手面前坐以待毙。即便她们在死亡的折磨中惊声尖叫，那声音也永远无法到达我们生茧的耳朵中。我们曾经对那些默默爱护和服务于我们的花朵如此残暴，终有一天，我们会因为我们愚蠢的残忍被最亲昵的朋友抛弃。你是否注意到野花的数量在与日俱减？也许她们中的智者已然教她们离弃人类，直至人类变得更具人性再说。也许她们早已寓居天堂。

人们对花的栽培者的喜爱则非寥寥数语可以道尽。提壶之人显然比执剪之人要高尚得多。我们欣慰地叹观他对水与阳光的体贴入微，与害虫的不共戴天，对霜冻的忡忡忧惧，花苞迟未绽开时的满怀焦虑，叶子初披光泽时的喜笑颜开。在东方，花卉园艺是一门古老的艺术，而诗人的爱与心仪的植物时常被记载于故事与歌谣中。唐宋两代，制陶业的发展为我们带来了传闻中精致玲珑的容器，已不是粗陋的陶盆，而是珠光宝气的宫殿。一位静心的照料者会事无巨细地侍候每一瓣花，用兔毫制成的软刷掸拭每一片叶。根据记载，牡丹须令形容靓丽的侍女着盛装浸洗，冬梅则当由苍白纤瘦的僧侣浇灌。[1]

---

① 典出明代袁宏道（1568—1610）所著《瓶史》，原文为“浴牡丹、芍药，宜用靓妆妙龄女子……浴腊梅，宜清瘦僧侣”。

在日本，足利时代风靡的能剧《钵木》[1]，讲述了一位穷困潦倒的日本武士[2]，在寒冷的冬夜里因燃料匮乏，砍下其心爱的植物生火招待一位游僧的故事。这位游僧便是北条时赖[3]，他是日本传说中的“哈伦·拉希德”（《天方夜谭》的主角），所以武士的牺牲还是换来了回报。即使在今日，这部剧作仍能使东京的观众潸然泪下。

为了呵护脆弱的花朵，人们费尽了心力。唐玄宗在花园中的枝丫上遍系金铃，意在驱赶鸟类。他常在春日与宫廷乐师游园，以悠扬乐声取悦百花。英雄源义

---

① 《钵木》，日本能剧谣曲名作，大概是足利时代的作品，作者不详。

② 此武士名为“佐野源佐卫门尉常世”。

③ 北条时赖（1227—1263），日本镰仓幕府第五代执权者，北条时氏之子，北条时宗之父。母亲为松下禅尼，亦称最明寺殿。相传他终生致力于民生，因而有“盆景取暖”等走遍各地体察民情的故事。

经——日本的“亚瑟王”[①]，所立下的木牌至今仍矗立在日本的一座寺庙[②]中。他借木牌铭文保护一株珍稀的梅树，此举的趣味性在于它呈现了一种尚武时代的黑色幽默。极言梅花之瑰丽后，铭文道：“折枝之人，当断一指。”若今日此般严苛的法度能加诸那些使花朵和艺术香消玉殒之人，该是何等幸事？

然而即便对悉心栽花之人，我们也要怀疑他们的私心。为何将植物迁离故地，让她们吐蕊异乡？这同将飞鸟囚于铁笼吟唱繁衍有何分别？谁人知晓幽兰在温室之内备感窒息而绝望地渴求有幸再见她们南方的澄空？

最理想的爱花者当是那些在她们的栖息地拜访花朵之人，如陶渊明，在破落的竹篱边与野菊促膝对谈；或

---

① 亚瑟王是凯尔特人中世纪时期的传说英雄。源义经（1159—1189），日本平安时代的武士，日本民众最喜爱的历史英雄之一，所以作者以亚瑟王传奇来类比。

② 即现今日本神户之须磨寺。

如林和靖[①]，独步徜徉于西湖侧畔的梅林，忘我地沉浸于月夜时分浮动的暗香间。据说周茂叔[②]夜眠于舟中以期与莲花神交。无独有偶，奈良时代著名的君主光明皇后[③]曾歌曰："若将君采撷，芳菲尽染污。孑立绿茵上，献与三世佛。"

然而，我们且不要这样善感。让我们少一些奢侈，多一些高尚。老子言："天地不仁。"弘法大师[④]言："生生生生暗生始，死死死死冥死终。"毁灭面前我们无处

---

① 林逋（967—1028），字君复，钱塘（今浙江杭州）人。北宋著名隐逸诗人。宋仁宗赐谥"和靖先生"。林逋隐居西湖孤山，终生不仕不娶，唯喜植梅养鹤，自谓"以梅为妻，以鹤为子"，人称"梅妻鹤子"。

② 周敦颐（1017—1073），又名周元皓，原名周敦实，字茂叔，谥号元公。是宋明理学的的开山鼻祖，著有《周元公集》《爱莲说》《太极图说》《通书》等。

③ 光明皇后（701—760），姓藤原氏，为日本奈良时代的皇族，圣武天皇的皇后。又名安宿媛、光明子、藤三娘，死后追谥天平应真仁正皇太后。爱好文艺，笃信佛教。包括东大寺及国分寺在内的许多寺院，是由其起意所建。

④ 弘法大师，法名空海（774—835），密号遍照金刚，谥号弘法大师。日本真言宗的开山祖师。

藏身，它超越了时空。变化是唯一的永恒——为何不如同迎接新生一样迎接死亡？生与死犹如孪生兄弟——它们是梵天的昼与夜。只有消解陈旧，重生方为可能。我们崇拜死亡，这无情的慈悲女神，有着无数名姓。拜火教徒在火中敬奉的，是吞噬一切的阴影。神道教至今拜伏的，是剑魂的冰清玉洁。神秘的火消弭我们的弱点，神圣的剑斩断欲望的锁链。在我们的灰烬中，希望的涅槃浴火重生；从自由之中，人性抵达了更高的实现。

如果我们能因此进化出新的形式，使关于世界的理念变得更加高贵，为何不干脆毁灭花朵？我们只不过是邀请她们加入了我们对美的献祭。我们应当通过献身于“纯粹”与“简约”来弥补我们的所作所为。当初建立对花道的崇拜时，茶道大师便是如是推究。

任何熟悉茶道和花道大师之道的人定会注意到他们思虑花朵时萌生的宗教崇拜。他们并不会随意采集，而是依据脑海中的艺术构成，双眼凝神，精挑细选。若是不经意间采下多余的花枝，他们便会感到羞愧难当。值得一提的是，他们总是会将叶子，如果有的话，与花朵相连，以使其呈现出植物生命的整体美感。在这方面及其他诸多方面，他们与西方国家采用的方法迥然不同。在西方，人们倾向于仅仅看到花茎，宛如失去躯干的头颅，混置于花瓶之中。

当一位茶道大师循其心意完成了插花，他会将之摆在壁龛之上，日本房间的尊贵所在。在它旁边不再安放其他什物，即便是画作也不安放，以免影响效果，除非这一结合背后存有某种独特的审美旨趣。它好似加冕的皇子独处一隅，客人或弟子进入茶室时会率先向它深鞠一躬以表敬意，而后方转向主人示意。这其中大师的杰作会被刊印出版以启迪业余爱好者。相关主题的著作可说是卷帙浩繁。当花朵凋残，大师会温柔地将它付与流水或悉心掩埋。有时候会有石碑竖立以示怀念。

15 世纪时，插花艺术似与茶道同期诞生。传言中

早期的插花源自佛教徒，他们出于对众生的孜孜关切，收集暴风雨后的残花，将其置于水瓶中。据说足利义政时代伟大的画家与鉴赏家相阿弥①，是最早精于插花的人之一。茶道大师村田珠光②，以及池坊流③（其在花道界的地位相当于绘画界的“狩野派”④）的创立者专能，皆拜于相阿弥门下。16世纪晚期，随着茶道仪式自利休起臻于完善，插花也获得了长足的发展。利休及其后

① 相阿弥，室町时代的艺术家僧人，能阿弥之孙。擅长绘画、艺术鉴定、茶道和日式庭院造景。

② 村田珠光（1422—1502），生于日本奈良，室町时代中期的茶人。被后世尊为日本茶道的“开山之祖”。提出“谨敬清寂”的茶道精神。

③ 池坊，原意为池边的僧侣居所，相传为圣德太子所设。池坊流被视为华（花）道始祖，有时甚至以此流为日本花道之代表。

④ 狩野派，日本著名的宗族画派，活跃于15世纪至19世纪。日本主要画家都来自这个宗族。这个画派主要为将领和武士服务。狩野派的始祖是狩野正信（1434—1530），他是足利幕府御用画家，此前日本画风受中国画风影响，由他开始，日本绘画开始日本化。

继者，著名的织田有乐[①]、古田织部[②]、光悦[③]、小堀远州与片桐石州[④]，都竞相创作新的结合形式。然而，我们必须记住，茶道大师对花的崇敬仅仅是审美仪式的一部分，自身并未形成特定的宗教。插花艺术，如同其他茶室中的艺术作品一样，是从属于室内装饰的整体设计的。因此石州曾规定，若花苑里落雪，则插花时白梅不可被使用。“喧闹的”花朵被茶室无情地拒之门外。茶道大师的某一种插花创作，如若离开其原本设定的场所，便丧失了原本的意义，

---

① 织田长益（1547—1622），日本安土桃山时代至江户时代初期的大名和茶人。长益系织田家嫡流初代。三河守织田信秀的第十一子，太政大臣织田信长之弟。号有乐斋如庵，后世称为有乐、有乐斋。“利休七哲”之一。自己创立“有乐流”茶道。

② 古田重然（1544—1615），日本茶人、制陶家、庭院造景家。因曾任“织部正”之官位而被称为织部。“利休七哲”之一。小堀远州曾就学于他。他创制陶器制法“织部烧”，是茶道“织部流”的创始者。

③ 本阿弥光悦（1558—1637），日本江户时代初期的书法家、艺术家。书道“光悦流”的始祖。出生于京都，在陶艺、漆器艺术、出版、茶道亦有涉猎。

④ 片桐贞昌（1605—1673），日本江户时代前期大名、茶人。大和小泉藩第二代藩主。是德川四代将军家纲的茶道师范，为武门茶道“石州流”的始祖。制定了武家茶道规范《石州三百条》。

因为它的线条和比例皆是遵照环境的具体视角而安排的。

接近 17 世纪中期时，对花朵自身的爱慕伴随着“花道大师”的兴起而日趋风行。它现在开始独立于茶室，除了花瓶的要求，再无各类规则与信条。新的理念与插花方式成为可能，许多主义和流派自此分化。一位 19 世纪中期的作家说他可以数出一百多种不同的插花流派。广义而言，这些流派可被分为两个主要分支——形式派和写实派。形式派，以池坊为标杆，旨在表现古典理想主义，与绘画界的狩野派相呼应。我们留存着这一流派的早期大师的作品，他们重现了山雪[①]与常信[②]的花卉画作。另外，写实派则把自然作为理想状态，仅仅为了助益于艺术的整体性表现，才在形式上稍加修饰。因此我们可以从他们的作品中，领略到浮世绘和四条

① 狩野山雪（1589—1651），狩野派画家。

② 狩野常信（1636—1731），狩野派画家。

派[1]绘画所能带来的冲击力。

如果我们有时间更全面地了解，这个时期不同的花道大师形成的构造风格和细部处理原则想必会颇为有趣，它们揭示出整个德川幕府时代装饰艺术的基本原理。它们指的是领导原则（天），从属原则（地），和解原则（人），任何违背这些原则的插花创作，都会被认为是空洞无物、死气沉沉的作品。不独如此，在正式、半正式和非正式三个层面处理花卉也被视为关键。第一种可以说是在舞会盛装中彰显其高贵典雅；第二种是在午茶礼服中烘托其优美精致；第三种是在闺房便装中体现其悠闲自得。

我们的共鸣所应和的往往是茶道大师而非花道大师的插花创造。前者是在艺术上恰到好处，因贴近生活而撩动我们的心弦。我们应该称之为自然派，与写实派和

① 四条派，起源于 19 世纪的日本画派，常与圆山派合称为圆山四条派。延续 200 年，产生了很多优秀的画家，是对近代日本画产生深刻影响的画派。

形式派相区分。茶道大师止步于花的筛选，由花朵自己将故事娓娓道来。在深冬时节进入茶室，可以看到一缕纤细的车厘子与初开的野山茶的结合；晚冬的袅袅余音与早春的冥冥预言相映成趣。若是在热意恼人的夏日啜饮午茶，你会发现在壁龛的阴凉间，一枝百合独立于悬盆之内，脉脉地含着露珠，似在暗笑生活的荒诞不经。

花的独奏固然妙趣横生，但它与绘画和雕塑的协奏更是引人入胜。石州曾经把水草放在浅托中，拟仿湖泊沼泽的植被，而墙上相阿弥所绘的野鸭正从空中飞过。绍巴[①]，另一位茶道大师，将描述《海边寂寥之美》的诗作、一渔夫小屋状的铜香炉及海滩上的野花相搭配。其客人后忆起此境时说，他从整体的风格构成中感觉到了晚秋渐远的气息。

花的故事自是数不胜数。我却止不住想再讲最后一

① 里村绍巴（1525—1602），本姓松村。著名的连歌师，曾学茶于利休。

则。到16世纪的时候，牵牛花还是珍稀植物。而利休竟有一整个庭院的牵牛花，他对这些花呵护备至。此事为丰臣所知，他想一见此景，利休便邀他至府上用早茶。赴约之日，丰臣穿过花园，却不见牵牛花的踪迹。土地平整如初，遍布着卵石沙砾。这位暴君愠而不发地进入茶室，映入眼帘之景令他转怒为笑。壁龛上方，一尊稀有的宋朝铜器中，娇卧着一朵牵牛花——整个花园的女王！

在这些故事里，我们透视了花卉祭品的意涵。或许花朵自身同样理解这全部意涵。她们与人类不同，并非懦夫。有些花在死亡中升华——当然是日本樱花，因为她们自由地随风飘零。任何曾置身于吉野或岚山漫天芳菲中的人都会同意这一点。有那么一瞬间，她们似珠光宝气的流云般回旋，在晶莹剔透的溪流上舞蹈；那之后，当她们随着欢跃的流水远去时，她们似乎在说："再见了，春天！我们将去拜访永恒的宫殿。"

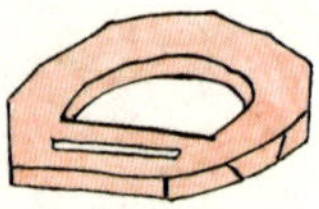

第七章

茶师不朽

他们教会了我们着装朴素淡雅，教会了我们如何侍奉花草，他们指出我们的本心崇尚简朴，并向我们展示了谦卑之美。实际上，茶师的教诲已经让茶渗透进了我们生活的方方面面。

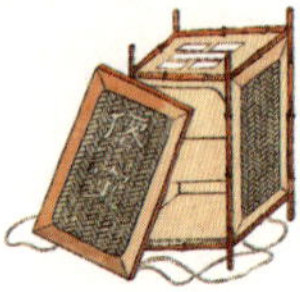

宗教讲究来世，而在艺术中，当下就是永恒。茶师认为，一个人只有将艺术融于生活，才算懂得真正的艺术鉴赏。所以，他们一定要用茶室中最高标准的精致去规整生活。在任何情形下，都必须保持心灵的宁静，保持话语的谨慎，而不至于破坏周围的和谐。衣服的剪裁、颜色的选择、身体的姿势和走路的姿势都是艺术性情的表达，不能忽视。一个人自身美丽了，才有资格接近美。所以，茶师努力要成为超越艺术家的存在，成为艺术本身。这是唯美主义的禅。完美处处存在，只要我们选择去认同。利休就喜欢引用这样一首古歌：

盼春久不至，无处觅芳踪。

融雪潺潺处，且看春草萌。

茶师对艺术的很多方面做出了贡献。他们彻底革新了古典建筑和内部装饰风格，并且建立了一种新的风尚，这个我们在茶室那一章节已经说过了。这一风尚甚至影响了16世纪以后宫殿和寺庙的建筑风格。才华横溢的小堀远州，在桂离宫[①]、名古屋城[②]、二条城[③]，还有孤篷庵[④]，都留下了他天才的例证。日本所有著名

---

① 桂离宫，位于日本京都西部的桂川旁，为供皇族居住之离宫。建于1624年，庭院设计出自小堀远州。

② 名古屋城，位于日本爱知县名古屋市的城堡，江户时代是尾张藩藩主居城，别称“金城”“金鯱城”。为德川家康于1612年所建。与大阪城、熊本城合称“日本三大名城”。

③ 二条城，又名二条御所，位于日本京都，是幕府将军在京都的行辕。由德川家康下令兴建于1603年，是江户幕府的权力象征。列入世界文化遗产。

④ 孤篷庵，位于日本京都大德寺，建于1612年，其外门前石桥、前庭、露地等部分为小堀远州设计。

的园子都是由茶师设计的。若不是茶师赋予的灵感，我们的陶艺也不会达到如此卓越的品质，茶道中所需的茶具，必须仰赖陶艺师傅全部的才思。研习日本陶器的，对“远州七窑”[①]一定不陌生。很多我们的织物都冠以茶师的名字，因为正是这些茶师定下了它们的颜色和设计。事实上，根本找不到任何一片艺术的土地未留下茶师天才的足迹。在绘画和漆器艺术中，他们所做出的贡献更是无须多言。最伟大的画派之一[②]，就起源于茶师本阿弥光悦，他同时还是有名的陶艺家和漆艺家。与他的作品相比，他的孙子光甫[③]、甥孙光

---

① 远州七窑，受小堀远州称赞且爱用的七处茶器窑场，一般认为包括远江的志户烧、近江的膳所烧、山城的朝日烧、大和的赤肤烧、摄津的古曾部烧、丰前的上野烧、筑前的高取烧。

② 此处的画派指琳派，通常以本阿弥光悦、俵屋宗达及尾形光琳为始祖。对日本绘画影响深远。

③ 本阿弥光甫（1601—1681），日本画家，善制陶。

琳[1]和乾山[2]的佳作都黯淡了几分。众所周知，整个琳派就是茶道精神的表达，从这一流派的粗犷线条中，我们似乎能发现自然本身的律动。

虽说茶师在艺术领域有很大的影响力，但比之他们对日常生活的影响，又不值一提了。大到社会礼仪习俗，小到生活琐碎，我们都能感受到茶师的存在。我们的精致菜肴，乃至盛菜的方式，都是茶师的创造。他们教会了我们着装朴素淡雅，教会了我们如何侍奉花草，他们指出我们的本心崇尚简朴，并向我们展示了谦卑之美。实际上，茶师的教诲已经让茶渗透进了我们生活的方方面面。

我们整日浮沉在愚蠢之海中，而这片海叫作人生；

---

① 尾形光琳（1658—1716），日本画家、工艺美术家，琳派始祖之一。早年随其父尾形宗谦学习狩野派水墨画和大和绘，之后受表屋宗达装饰画的影响。

② 尾形乾山（1663—1743），日本京都人，陶艺家。受野野村仁清彩绘陶艺影响。晚年往江户开设陶窑。绘画学其兄光琳。

我们不知道如何调适自身，自始至终都处在一种悲惨的境地中，徒劳地装作幸福满足的样子。我们在守护所谓持平守中的边界上，裹足不前，看着地平线上每一片流动的云，那是暴风雨来临的前兆。但是，那些奔向永恒的滚滚巨浪中，涌动的正是喜悦和美啊。为什么不加入其中呢？或像列子一样御风而行？

只有生得美丽的人，才能死得绚烂。伟大的茶师直到生命的最后，一如生前那样纯净。他们一生都在追求与宇宙韵律的和谐共存，随时都准备好踏入未知。而“利休的绝饮”，正是一次悲壮庄严到极致的生命演出，绝唱千古。

利休和丰臣秀吉相交已久，后者给予这位茶师很高的评价，然而与暴君的友谊是一种危险的荣耀。那是一个背叛横行的时代，人们甚至不能相信至亲之人。利休不是谄媚之人，常常会对这位暴虐的主公出言不恭，利休的敌人就是利用了他们两人之间的不和，诬陷他阴谋毒害丰臣秀吉。有人偷偷告诉丰臣秀吉，说利休为他准备了一碗含有致命剧毒的茶汤，光是丰臣秀吉的疑心就足以置利休于死地了，愤怒的暴君哪里还容得辩解？罪人只获得了一样特权——自我了断的尊严。

执行自决的那一天，利休邀请他的弟子参加最后的茶会。令人哀伤的最后一刻到了，客人在门廊聚集。当他们望向露地，树木似乎也在颤抖，叶子沙沙作响，似有孤魂野鬼在窃窃私语。那些立着的灰色石灯笼，仿佛是地府门前的庄严守卫。这时从茶室中飘出一股稀有的熏香味，这是主人在呼唤客人入内了。他们一个个走上前去就座。壁龛之上，悬挂了一幅古代僧人的书法佳作，诉说着万物无常之理。茶壶在火炉之上沸腾、吟唱着，声响仿佛是告别夏日的蝉鸣。不久，主人走进了茶室，依次给客人奉茶，客人也依次饮尽，默然无声，主人是最后一个饮尽碗中茶的人。依照礼仪，最重要的那位客人要向主人请求品鉴茶具，利休便将所有的茶具连同那幅书法作品一道，展示在客人面前。待所有人一一赞赏过后，利休便分件赠予客人留作纪念。他只留下了自己的茶碗。“这只茶碗已被我这个不幸之人的双唇沾染，不能再让其他人使用。”话音刚落，他就将碗摔成了碎片。

仪式结束了，客人强忍泪水，留下最后的道别，随后离开了茶室。只有最亲近的几个人留至终局。利休脱去茶袍，仔细叠好后放在席子上，露出之前藏在里面的素袍，衣白如雪。他柔和的目光凝视着致命匕首的闪亮刀锋，口中吟出绝唱：

人世七十，力囲希咄。

吾这宝剑，祖佛共杀。

面含微笑，利休就这样踏入了未知。